辽宁省教育厅高校学术专著出版基金资助

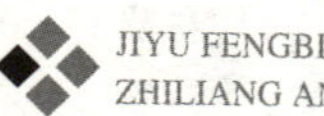

JIYU FENGBI GONGYINGLIAN DE ZHUROU
ZHILIANG ANQUAN KONGZHI YANJIU

基于封闭供应链的猪肉质量安全控制研究

刘万兆　王春平 ◎著

北京师范大学出版集团
BEIJING NORMAL UNIVERSITY PUBLISHING GROUP
北京师范大学出版社

图书在版编目(CIP)数据

基于封闭供应链的猪肉质量安全控制研究 / 刘万兆，王春平著．—北京：北京师范大学出版社，2015.10

ISBN 978-7-303-19019-5

Ⅰ.①基…　Ⅱ.①刘…　②王…　Ⅲ.猪肉－供应链管理－质量管理－研究－中国　Ⅳ.①F326.3

中国版本图书馆 CIP 数据核字(2015)第 096294 号

营销中心电话　010-58805072　58807651
北师大出版社学术著作与大众读物分社　http：//xueda. bnup. com

出版发行：北京师范大学出版社　www. bnup. com
北京市海淀区新街口外大街 19 号
邮政编码：100875

印　　刷：北京中印联印务有限公司
经　　销：全国新华书店
开　　本：730 mm×980 mm　1/16
印　　张：12.25
字　　数：219 千字
版　　次：2015 年 10 月第 1 版
印　　次：2015 年 10 月第 1 次印刷
定　　价：45.00 元

策划编辑：胡廷兰　　责任编辑：齐　琳　张静洁
美术编辑：王齐云　　装帧设计：李尘工作室
责任校对：陈　民　　责任印制：马　洁

前言

自古以来，我国人民就将猪肉作为最主要的消费肉类，并对猪肉产生了独特情结。从世界范围来看，中国是世界上最大的猪肉生产和消费国，猪肉产量占全球猪肉总产量的一半左右。因此，猪肉(产品)的质量安全，直接影响着广大消费者的身心健康，牵动着整个社会的稳定。但是，近些年出现的瘦肉精、病死猪肉、注水猪肉等事件给消费者健康带来了较大伤害，严重影响了消费者对猪肉的消费观念，同时也制约了我国猪肉产业国际竞争力的提升。猪肉(产品)质量安全事件的频发，折射出我国猪肉产业链条、政府监管等层面存在较严重的问题。如何控制猪肉质量安全，已经引起了政府、学者以及广大消费者的普遍关注，成为当今社会一项亟待解决的重大问题。

国内外学者一致认为实施供应链管理是解决我国猪肉质量安全问题、保护消费者健康和生命安全的有效途径。猪肉产品的生产包括养殖、屠宰、冷冻、加工、冷藏储运、批发配送、零售及相关服务等一系列工序。不可否认，我国猪肉供应链尚存在一定的缺陷。首先，中国政府虽然在20世纪90年代末制定了很多符合国际标准的药物残留标准，并制定了很多规范饲料添加剂的使用方法，但检测方法和控制体系的建立则显得相对滞后。其次，中国在家畜疫病防疫、动物性食品安全等方面不仅与国际标准差距较大，与欧美等发达国家差距更大。再次，目前市场上流通的猪肉属于个体屠宰的占一半左右，导致了肉品易腐变、难以检疫、易被污染等一系列问题。最后，中国猪肉产品主要来自小规模分散养殖户，他们缺乏现代养殖技术，饲料转化率普遍低于专业养殖户和规模养殖企业，收益成本比也普遍较低。不仅如此，大多数小规模分散养殖户没有属于自己的产供销一体化组织，只能独自分别进入市场，难以适应市场需要，往往承担较大的市场风险。诸如此类，都显示出需要从一个更有效的控制角度来监管猪肉产业链条。

猪肉封闭供应链，将消费者和政府监管引入猪肉供应链之中，基于消费者对食品的消费，实现政府对整个食品链条的层层倒追和监管。基于封闭供应链探讨猪肉质量安全控制，通过记录产品在各链条的生产、加工情况，能够实现对猪肉“从田间到饭桌”整个过程的监管。与传统猪肉供应链不同，猪肉封闭供应链将消费者和政府监管引入其中。政府是猪肉质量安全控制的操控者；消费者是猪肉质量安全监管的重要线索，通过消费者的举报，牵引出猪肉零售、生猪屠宰、生猪养殖等环节的质量安全问题。因此，提高消费者质量识别能力和维权意识、着重对零售环节抽查，可能是政府实施质量安全控制的有效切入点。基于这些假设，本书进行了深入分析。

利用豪泰林模型和信号传递博弈理论，本书严谨地论证了将消费者和政府监管引入猪肉供应链的合理性，进而形成了猪肉封闭供应链(生猪养殖环节、生猪屠宰环节、猪肉零售环节、消费者、政府监管)的基本理论框架，阐述了生猪养殖环节、生猪屠宰环节、猪肉零售环节的现状以及存在的突出问题，对政府监管情况进行了细致总结。通过对辽宁省的养猪场、屠宰企业以及零售企业进行实地调研，本书阐明了这三个环节中控制猪肉质量安全的因素和瓶颈：生猪养殖环节控制猪肉质量安全的主要因素为疫病防治水平、饲料质量水平、福利水平，制约猪肉质量水平的行业瓶颈为养殖规模；生猪屠宰环节控制猪肉质量安全的主要因素为屠宰前检疫检验水平、屠宰操作规程、出厂检验水平，制约猪肉质量水平的行业瓶颈为屠宰企业的规模；猪肉零售环节控制猪肉质量安全的主要因素为入市检验水平、质量追溯水平和诚信水平，不同零售渠道中，农贸市场的猪肉质量最低，大型超市居中，专卖店最高。该结论是政府实施质量安全控制的有效切入点，为政府进行质量安全控制指明了方向。对于消费者环节，基于皮尔逊卡方(Pearson Chi-square)检验、二元逻辑斯蒂回归(Binary Logistic Regression)模型，对辽宁样本进行分析，认为：多数消费者购买猪肉时并不选择质量认证信号；消费者对质量认证信号的了解、信任程度，是影响消费者是否利用质量认证信号最主要的两个因素。该结论显示出政府相关部门对猪肉质量认证信号的宣传力度不够。提高消费者对猪肉质量的识别能力以及维权意识，是政府进行质量安全控制的有效切入点，政府相关部门应该加强普及猪肉质量相关知识。针对生猪养殖环节、生猪屠宰环节和猪肉零售环节，政府应该如何有效监管？本书借助计算机仿真技术，构建了猪肉封闭供应链系统动力学模型，认为：政府对各个节点企业加强监管，猪肉质量都可以得到一定的改善；相对生猪养殖环节和生猪屠宰环节，政府对猪肉零售环节加强监管对猪肉质量的提升程度最大的，也就是说加强对零售企业的监管对提高猪肉质量安全的意义是最大。该结论有利于政府合理配置监管资源，政府通过对零售企业严格监管，带动屠宰企业、养殖企业的质量意识是最有效率的监管思路。

本书的研究区别于现有猪肉供应链质量安全控制研究，鲜明地表现在以下两个方面。首先，考虑了消费者对不同质量猪肉的态度。消费者作为猪肉质量的最终鉴定者，对猪肉质量监管具有重要的指引作用。如果消费者不能有效识别猪肉质量或者不能有效维权，不能有效检验猪肉的最终质量情况，将严重影响政府猪肉质量安全控制水平。其次，阐明了政府在生猪养殖环节、生猪屠宰环节和猪肉零售环节监管效率的不同。政府对生猪养殖环节、生猪屠宰环节和猪肉零售环节进行严格监管，固然能够提升猪肉质量水平，但关键问题在于"对哪个环节进行监管更有效率"。本书认为"通过对零售企业的严格监管进而有效控制整个链条的质量水平"，符合现实常理，为政府进行监管提供了一条更有效的思路。

封闭供应链理论最早于2006年由南开大学现代物流研究中心提出，封闭供应链的本质在于通过可溯性来控制产品质量，该理论特别适用于食品行业。本书提出的猪肉封闭供应链是对该项理论的丰富和发展。政府通过对生猪养殖环节、生猪屠宰环节、猪肉零售环节、消费者环节四个节点的控制，可以实现对猪肉"从田间到饭桌"全程的质量安全控制。本书的研究其重要意义在于：为猪肉质量安全控制设计了系统蓝图和实施思路。猪肉产业链条涉及众多主体或环节。任何一个主体或环节出现问题，都会影响最终的猪肉质量。消费者作为最终的猪肉质量检验者，其反馈信息对于政府猪肉质量安全控制具有举足轻重的意义。本书的研究为政府猪肉质量安全控制厘清了对象，合理圈定了重点控制范围。针对不同环节，政府猪肉质量安全控制的思路不仅要从提高生猪养殖集中度、生猪屠宰集中度入手，更要从猪肉零售环节和消费者环节入手，进行倒追严查。提高生猪养殖集中度、生猪屠宰集中度的目的就在于确定猪肉来源，明确责任。本书的研究有助于政府理顺监管的思路，提高猪肉质量安全控制效率。

目　录

绪　言

一、问题的提出

我国是世界上最大的猪肉生产国和消费国。2013 年，我国生猪总出栏量为 71557 万头，占世界生猪总出栏量的一半以上。从结构上来看，自 2000 年以来，我国猪肉产量一直占国内肉类总产量的 62％以上，猪肉产量一直占猪牛羊肉总产量的 81％以上。但同时，我国猪肉质量安全事件频频发生，严重危害了消费者健康。一方面是猪肉瘦肉精[①]事件自 1998 年起层出不穷。据不完全统计，2006 年上海 300 余名市民因食用猪内脏、猪肉导致瘦肉精食物中毒；广东惠州 5 名工人食用猪肝中毒，其中瘦肉精超标 1000 倍。2008 年 11 月，浙江嘉兴中茂塑胶实业有限公司 70 名员工在午饭后开始出现手脚发麻、心率加快、呕吐等症状，医院确诊为瘦肉精中毒。2009 年 2 月，广东广州出现瘦肉精恶性中毒事件，共 67 人发病。2011 年双汇瘦肉精事件给消费者和企业都带来了巨大伤害。农业部副部长陈晓华在 2011 年 11 月 12 日开幕的第九届中国食品安全年会上表示，2011 年侦破瘦肉精案件 125 起，抓获犯罪嫌疑

① 瘦肉精包括盐酸克仑特罗、莱克多巴胺、沙丁胺醇和硫酸特布他林等，属于肾上腺类神经兴奋剂。把瘦肉精添加到饲料中，可以显著增加动物的瘦肉量。国内外的相关科学研究表明，食用含有瘦肉精的肉常见恶心、头晕、四肢无力、手颤等中毒症状，特别对心脏病、高血压患者危害更大，长期食用可能导致染色体畸变，诱发恶性肿瘤。至于究竟摄入多大量，如何导致恶性肿瘤，有关病例研究国内外尚无定论，但近几年各地瘦肉精致人死亡的案例时有发生。

人980余人，查获瘦肉精非法生产线12条，捣毁非法加工仓储窝点19个，查处涉案企业30余家，缴获瘦肉精成品2.5吨。

另一方面是生猪疫情、病死猪肉、注水猪肉等对人民生命健康造成极大危害。2005年6～8月，在四川资阳和内江市等地发生了猪链球菌病①疫情，并发生人感染猪链球菌疫情，导致200多人感染，累计病死猪600多头。据媒体报道，在全国各地都存在不同程度的注水猪肉问题。有的地方约有30%的生猪注水，有的甚至达到80%，有的地方还出现了专业生猪注水村。据估计，每年不法商贩仅靠猪肉注水一项即可获利近亿元。2012年7月，广东化州侦破了一起生产及销售问题猪肉重大案件，缴获约2.4吨冰冻问题猪肉。② 2011年1～10月，山东菏泽查处各类违法案件78起，取缔非法屠宰窝点13处，没收注水、病死猪肉产品3640公斤。③ 2011年7月至2012年3月，福建警方侦破了一系列病死猪案件，查获病死猪肉1300余吨、制成品480余吨。④ 2011年至2012年3月，公安部侦破销售病死猪犯罪案件170起，查扣病死猪及其肉制食品近6000吨。⑤ 2013年3月，上海黄浦江松江段水域出现大量漂浮死猪，截至3月20日，上海相关区水域内打捞起漂浮死猪累计已达10395头，引起了全社会震惊。类似事件各地时有发生。我国猪肉质量安全状况令人担忧(沙鸣和孙世民，2011)。

农产品质量安全问题不仅影响到人们的身体健康和生命，而且还影响到一个国家的农产品市场秩序和农产品进出口贸易，甚至还影响人们对经济和社会安全的预期，从而降低社会福利(徐晓新，2002)。随着我国经济的快速发展，消费者对安全猪肉的呼声越来越强烈。保障猪肉质量安全、提高猪肉质量，需要生猪养殖、生猪屠宰、猪肉零售各个环节加强质量意识，严格控制质量水平，同时也要求消费者的有效监督和政府的有效监管。如何建立整个猪肉供应链的质量安全控制体系，提高我国猪肉质量，成为当前迫切需要解决的问题。

---

① 猪链球菌病属于国家规定的二类动物疫病。是一种人畜共患的急性、热性传染病，由C、D、E及L群链球菌引起的猪的多种疾病的总称。猪链球菌感染不仅可致猪急性出血性败血症、肺炎、脑膜炎、关节炎、心内膜炎、哺乳仔猪下痢和孕猪流产等，而且可以通过伤口、消化道等途径传染给人，并可致死亡，危害严重。

② 来源：茂名日报，2012-07-21。

③ 来源：齐鲁晚报，2011-12-15。

④ 来源：北京晚报，2012-03-27。

⑤ 来源：中华人民共和国公安部(http：//www.mps.gov.cn/n16/index.html)。

二、理论与现实意义

大量实践证明，猪肉质量安全主要涉及生猪养殖环节、生猪屠宰环节和猪肉零售环节。政府相关部门对猪肉供应链各环节的有效控制是保障猪肉质量安全的重要举措。基于此，本书尝试探讨以下四个问题。第一，构建猪肉封闭供应链，为政府监管提供明确对象。本书基于豪泰林模型和信号传递博弈模型，论证消费者和政府监管进入猪肉供应链的合理性；结合封闭供应链理论，构建包含“生猪养殖环节、生猪屠宰环节、猪肉零售环节、消费者环节、政府监管环节”节点的猪肉封闭供应链。第二，探讨影响我国猪肉质量安全的因素，为政府监管提供抓手。基于猪肉封闭供应链现状以及猪肉质量安全存在的问题，从生猪养殖环节、生猪屠宰环节、猪肉零售环节三个直接环节探讨影响控制我国猪肉质量安全的因素；基于方差分析，分别探讨三个环节中影响控制猪肉质量安全的因素和瓶颈，为构建猪肉封闭供应链系统动力学模型奠定基础。第三，探讨消费者对不同质量猪肉的态度及其影响因素，为企业和政府提供监管导向。基于二元逻辑斯蒂回归模型，分析消费者是否选择带有质量认证信号的猪肉与消费者个人特征、消费者对猪肉属性的关注、消费者对猪肉价格的态度、消费者对不同信号的信任程度、消费者购买体验等变量之间的关系，探讨不同消费者对不同质量猪肉的态度，帮助企业和政府深入了解消费者，确保猪肉封闭供应链协调。第四，构建猪肉封闭供应链系统动力学模型，讨论政府监管的效率。猪肉(生猪)在养殖企业、屠宰企业、零售企业的流通过程中，其质量主要受到两方面的影响：企业自身实力带来的质量水平和政府监管带来的质量水平。猪肉质量是这两种质量水平博弈的结果。围绕这种思路，构建猪肉封闭供应链系统动力学模型。基于此模型及计算机仿真，用系统的思维考察猪肉质量的变化情况，突破目前仅从个别节点考察猪肉质量的问题，厘清政府对不同节点监管效果的优劣。

本书的研究对猪肉供应链、猪肉质量安全控制等问题具有一定的理论意义和现实意义。

理论层面上，对消费者和政府监管进入猪肉供应链的机理研究，证明了消费者和政府监管是猪肉封闭供应链的重要节点，揭示了猪肉封闭供应链构成的合理性；猪肉封闭供应链的提出，扩展了供应链运行模式，丰富了供应链理论。通过对猪肉封闭供应链节点现状的描述，有助于加深对猪肉封闭供应链的理解，有助于发现各节点主体行为的规律。剖析猪肉质量安全存在的问题，有利于探讨影响猪肉质量安全的各种因素。对影响猪肉质量安全的因素进行深刻分析，阐明生猪养殖环节、生猪屠宰环节、猪肉零售环节中控制猪肉质量安全的因素和瓶颈，有利于猪肉封闭供应链各节点间的系统协调，为建立猪肉封闭供应链系统仿真奠定了基础。利用二元逻辑斯蒂回归模型，分析了消费者对不同质量猪肉的态度及其影响因素，厘清了不同个人特征的消费者与是否选择猪肉质量认证信号之间的关系，厘清了消费者对猪肉属性的关注因素与是否选择猪肉质量认证信号之间的关系，厘清了不同认证信号猪肉的价格与消费者是否选择相应猪肉之间的关系，揭示了影响消费者是否利用质量认证信号的最主要因素。基于养殖企业、屠宰企业、零售企业、消费者、政府监管之间的关系，构建了猪肉封闭供应链系统动力学模型，阐明了生猪(猪肉)在流通过程中其质量受到各种因素影响的机理，为系统、有效地研究猪肉质量安全提供了新的思路。同时，利用调研数据、Vensim 软件，对模型进行了仿真，仿真结果揭示了不同养殖规模的养殖企业质量水平、不同屠宰能力的屠宰企业质量水平、不同渠道的零售企业质量水平与政府监管程度之间的关系；阐明了政府对不同节点企业施行严格监管与流向消费者的猪肉质量之间的关系。

现实层面上，我国猪肉质量安全事件频频发生，质量安全水平一直较低。在这样的背景下，基于封闭供应链理论探讨猪肉质量安全，从生猪养殖环节、生猪屠宰环节、猪肉零售环节、消费者环节及政府监管环节研究改善猪肉质量的思路，更有利于提高我国猪肉质量安全水平、提高我国猪肉的国际竞争力、保障消费者正当权益。通过对我国猪肉封闭供应链现状的描述及对猪肉质量安全存在问题的总结，能清晰地认识猪肉质量安全水平，为相关部门改善猪肉质量安全提供一定的依据。通过对影响控制我国猪肉质量安全因素的分析，得出了生猪养殖环节、生猪屠宰环节和猪肉零售环节中影响猪肉质量安全的主要因素，以及制约这些因素的瓶颈，为节点企业自身发展、政府监管提供了切入点。通过分析消费者对不同质量猪肉的态度，得出了消费者购买(或不购买)带有质量认证信号(无公害、绿色、有机)猪肉的原因与影响因素，为企业开展市场细分、树立品牌形象提供一定借鉴，为第三方质量认证机构加强猪肉质量认证管理、维护市场秩序提供一定参考。通过对猪肉封闭供应链系统动力学模型的模拟仿真，进一步验证了养殖规模、屠宰能力和零售渠道对生猪养殖环节、生猪屠宰环节和猪肉零售环节的重要制约作用，为政府机构控制猪肉质量提供了切实可行的切入点；同时，也得出了对靠近消费者环节的节点实施严格监管效果更优的结论，为政府机构有的放矢控制猪肉质量安全、保障消费者权益指明了方向。

三、研究方法

围绕研究问题，本书采用了多种研究方法。在数据、资料的来源方面，查阅了大量文献资料，对辽宁的生猪养殖企业、屠宰企业、农贸市场、大型超市、猪肉专卖店等实体进行了问卷调研、访谈。在分析论证过程中，主要采用了以下研究方法。

1. 豪泰林模型和信号传递博弈模型

为了证明消费者对猪肉供应链的影响，本书采用了经典豪泰林模型和扩展的豪泰林模型。为了证明政府监管对猪肉供应链的影响，本书采用了信号传递博弈模型。

2. 方差分析

在生猪养殖环节，为了探讨每头母猪年提供出栏猪数量与年出栏量之间的关系，引入方差分析。被解释变量为每头母猪年提供出栏猪数量，定义成分类变量；解释变量为年出栏量。在生猪屠宰环节，为了探讨屠宰前检疫检验水平、屠宰操作规程和出厂检验水平与年屠宰能力之间的关系，引入方差分析。被解释变量为屠宰前检疫检验水平、屠宰操作规程和出厂检验水平，解释变量为屠宰能力。在猪肉零售环节，为了探讨入市检验水平、质量追溯水平和诚信水平与销售渠道之间的关系，引入方差分析。被解释变量为入市检验水平、质量追溯水平和诚信水平，解释变量为销售渠道。

3. 二元逻辑斯蒂回归模型

为了分析消费者对不同质量猪肉的态度及其影响因素，本书引入猪肉质量认证信号来界定不同质量猪肉，并建立二元逻辑斯蒂回归模型，探讨各种影响因素。模型中，被解释变量为消费者是否选择了带有质量认证信号的猪肉，解释变量包括消费者个人特征、消费者对猪肉属性的关注、消费者对猪肉价格的态度、消费者对不同信号的信任程度和消费者购买体验5类，共18项。

4. 系统动力学模型

为了系统分析猪肉质量安全，本书构建了基于“生猪养殖环节、生猪屠宰环节、猪肉零售环节、消费者环节、政府监管环节”的猪肉封闭供应链系统动力学模型。并利用调研数据，借助 Vensim PLE（Vensim 系统动力学模拟环境个人学习版）软件，对模型进行了系统仿真。

四、创新点及不足

本书有如下几点创新之处。其一，首先明确提出了猪肉封闭供应链概念，同时从理论上对消费者、政府监管的进入做出了证明，为今后研究猪肉质量安全提供了新的思路。其二，通过实证分析，阐明了影响消费者选择猪肉质量认证信号的因素。从现有的研究来看，仅有华中农业大学何坪华(2008)对食品质量认证信号做了一定的研究。目前少有学者专门对猪肉质量认证信号做专门研究。笔者认为，随着猪肉质量安全事件频发，国家对猪肉行业监管将更加严格；同时，猪肉产业链企业将面临优胜劣汰，猪肉质量、猪肉品牌的竞争将成为焦点。在这样的背景下，研究消费者对猪肉质量认证信号的态度及其影响因素，有利于第三方质量认证机构有效开展工作，有利于企业进行市场细分、满足消费者需求。其三，通过模拟仿真，得出了“政府对零售环节严格监管，更能有效提高猪肉质量安全水平”的结论。为了提高猪肉质量安全水平，国家对规模养殖、规模屠宰、质量追溯等做出了大量努力，这些固然能起到一定的作用，但是，通过对猪肉零售环节严格抽查、监管从而监管整个猪肉链条，其效果将更加明显。从已有的文献来看，虽然王继永等(2008)对超市对猪肉质量安全的促进作用进行了研究，却没有对猪肉供应链不同节点之间的监管效果进行研究。因此，本书得出的结论具有鲜明的创新性，同时具有较强的现实指导意义。

本书尚存在很多不足之处。基于“生猪养殖环节、生猪屠宰环节、猪肉零售环节、消费者环节、政府监管环节”，本书构建了猪肉封闭供应链系统动力学模型，以此来进行系统仿真。模型中，使用了较多的表函数。虽然通过大量的问卷调研、访谈，尽量克服主观性数值与实际值之间的偏差，但还是存在着一定的不确定性。这需要在今后的研究中，对模型进行优化，更多使用定量变量。

系统动力学对于研究具有复杂、非线性、长时滞、反馈等性质的系统具有独特的优势，很适合用来研究类似供应链系统这样的复杂系统。但系统动力学具有天生的机械特性，在今后的研究中可以考虑将系统动力学同不精确和不确定管理、神经网络、遗传算法等人工智能领域的知识结合对供应链系统联合建模，这样会使对供应链管理问题的研究更为完善。

此外，本书中的系统仿真是基于连续系统仿真方法进行的，而真实供应链中存在着大量的离散事件，在今后的研究中可以考虑将连续与离散仿真结合起来建立混合供应链仿真模型。

第一章 理论基础、文献综述与概念界定

随着经济的发展，市场竞争越发激烈，社会责任、食品安全等问题成为各界关注的焦点。同时，随着技术的不断进步，也给食品安全带来了一定的负面影响。自从20世纪初，人们就开始关注食品安全问题。到了20世纪中期，随着食品安全事件的出现，一些发达国家研究者开始关注食品安全问题的研究。近半个多世纪以来，人们生活水平的提高、消费观念的升级与食品安全问题一直在博弈，研究者对食品安全问题的研究也逐渐深入，并积累了大量研究成果。本章首先概述了政府监管相关的理论基础；其次从食品安全内涵、消费者行为、政府监管、农产品供应链、猪肉供应链角度，对近些年的相关研究进行综述，为猪肉质量安全问题的研究奠定一定的理论基础；最后，根据相关研究，对猪肉质量安全、猪肉封闭供应链的重要概念进行了界定，对猪肉封闭供应链的特点进行阐述。

第一节 理论基础

一、市场失灵理论：政府控制存在的必要性与合理性

市场失灵理论认为：竞争充分的市场结构是资源配置的最佳方式；现实中，完全竞争市场结构仅为一种理论上的假设，市场经济并非完美无缺。一方面，市场不可能解决经济社会中的一切问题；另一方面，市场机制因受到干扰而不能正常发挥调节作用，造成资源配置失误或浪费性使用。这种由于某些局

限性和干扰，导致市场资源配置缺乏效率，影响社会经济发展目标实现的情况，被称为市场失灵。

美国经济学家约瑟夫·E. 斯蒂格利茨曾经从垄断、公共产品、外部效应、不完善市场、不完全信息、失业通胀、收入分配和优效品八个方面，概括和描述了市场失灵的主要表现和根源(Joseph E. Stiglitz，1989)。具体而言，市场失灵的表现和成因可归纳为以下几点。

1. 个人自由与社会公平之间存在矛盾

基于个人效用最大化的帕累托最优原则与社会收入公平原则并不完全一致，个人价值取向与社会整体价值取向也会产生冲突，效率与公平的矛盾无法通过市场自行解决。

2. 不完全竞争

当市场上出现由于技术等原因使得进入某一产品市场必须支付特定成本，产生市场进入障碍——垄断时，不完全竞争就产生了。垄断破坏了市场机制正常运行所需要的竞争秩序和市场配置资源的效率，导致社会整体福利缺失，无法通过市场自身消除，需要政府采取反垄断措施。

3. 公共产品供给失衡

公共产品是指那些市场无法有效率地供给或市场根本不能提供而由政府提供的产品和服务。公共产品是一种具有联合性和共同消费性的产品或服务，提供给某些群体使用而他人无须支付代价即可同时享用。在公共产品效应覆盖区域内，消费人数的变化不会引起产品数量和成本的变化，所有消费者均可享受公共产品，排除某些人消费的成本过高或根本不可能。提供公共产品的目的通常并非追求利润最大化，而是提高公共福利和社会效益。公共产品的非竞争性和非排他性特征决定了公共产品的生产和交易成本较高，私人供给不足和搭便车行为普遍存在，需要政府提供和补充。

4. 市场外部性效应

依据帕累托最优原则的要求，生产者和消费者通过市场发生经济联系，在市场以外不存在成本与收益的相关性。事实上，社会中存在大量无须影响价格，就能直接影响他人经济效益的相互关系。市场主体在交易时，施加给交易对方或交易以外的社会第三方无法在交易价格中计量的成本或效益时，就产生外部性效应。这种成本或效益往往是相关者行为的自愿或非自愿结果。外部性效应可导致市场在配置社会资源时产生偏差。交易主体收益大于交易带来的社会效益时为正外部性，反之为负外部性。企业的环境排污行为属于典型的负外部性。科斯认为产权界定不明和存在交易成本是外部性问题产生的根源，由政府规制解决环境和公共安全等外部性问题具有私人协商不具备的优势。

5．不完全和不对称信息

市场机制发生作用的前提是市场主体拥有完全充分的信息。而市场上总是充斥着信息滞后、不真实以及不确定的情形，致使市场主体的决策失误。此外，交易双方普遍存在信息不对称现象，信息优势一方通过隐瞒交易信息侵害信息劣势一方的知情选择权，导致市场主体的逆向选择和道德风险。

6．经济周期性波动与危机

市场经济的运行具有周期性，经济周期性波动的伴生物是高通货膨胀与高失业率，导致价格信号扭曲，供求失衡，市场效率低下。稳定经济运行，缓解经济周期性波动的痛苦和危机是市场机制无法解决的难题。

7．收入分配不均、贫富分化

价值规律引发生产者分化。在市场经济中，一些企业或个人因为拥有稀缺资源或技能而获得竞争优势，得到高收入，变得富有；而另一些经营者却因资源缺乏在竞争中失败，生活贫困。市场经济会带来和加剧贫富分化和不公平问题。

由于市场存在上述失灵问题，在市场资源配置机制之外，还需要借助政府干预，实现资源配置效率最大化。市场失灵的种种表现明确了政府干预经济的边界。现代广义市场失灵理论认为政府还应解决市场无力解决的社会公平和经济稳定问题，从而扩张政府的规制边界。政府干预经济领域的扩张一方面凸显政府在市场经济运行中的重要作用；另一方面又要求规范政府的干预行为，以提高政府规制效率。

因为猪肉产品的特殊性，猪肉供应链各环节存在着市场失灵状况。生猪养殖环节、生猪屠宰环节、猪肉零售环节等环节中，存在信息不对称情况。在养殖过程中，养殖企业“赤裸裸”追求经济利益，生猪体内重金属含量超标，病死猪肉通过非法途径流向市场。很多时候，下游环节不容易检查出猪肉质量安全问题。猪肉质量只在生猪养殖环节、生猪屠宰环节、猪肉零售环节比较清楚，消费者仅凭借一般经验很难识别猪肉质量。消费者由于无法辨别猪肉质量，他们会选择不进行交易或者按照市场质量期望价格进行支付，高质量的猪肉会因为不能得到相应的高回报而被低质量的农产品挤出市场。生产者和消费者之间存在的猪肉质量安全信息的不对称使得整个市场“柠檬化”。针对猪肉市场中存在的市场失灵状况，必须依靠政府的参与来弥补市场自我调节下的不足。故应强化政府在猪肉质量安全控制中的积极作用，明确政府在市场自发运行之外须进行必要的干预以化解市场失灵。

二、规制失灵理论：提高政府规制质量的迫切性

规制失灵也称政府失灵，指政府为弥补市场失灵，在对经济社会生活进行干预的过程中，由于政府自身的行为局限性和其他客观因素制约而产生新的缺陷，无法使社会资源配置效率达到最优。以布坎南为代表的公共选择理论将经济学的分析方法运用到政治市场的分析当中，力图揭示并克服规制失灵(詹姆斯·M. 布坎南，2013)。

1. 规制失灵的表现和成因

布坎南认为，政府作为公共利益的代理人，其作用是弥补市场经济的不足，促进社会效应的正向增加。但是政府决策往往不符合这一目标，削弱了国家干预的社会正效应，降低而非改善了社会福利。具体而言，规制失灵表现为以下几个方面。

(1)政府公共决策失误

政府决策以公共物品为决策对象，通过有一定秩序的政治市场，由集体做出最终决策。相对于市场决策而言，政府决策过程十分复杂，具有不确定性和诸多制约因素，易导致公共决策失误。导致公共政策失误的原因包括四个方面。首先，作为政府决策目标的所谓公共利益并不存在。其次，决策信息不完全。政府虽然在信息收集、分析和处理方面优于市场主体，但仍难以保证决策信息的充分和真实。再次，选民的“短视效应”。选民对于政策的长远效果往往估计不足，政治家为了连任，会主动迎合选民短见，政策制定不尽合理。最后，选民的“理性无知”。选民在权衡选举的成本—收益时，如果成本太大，将放弃投票。许多选民希望别人投票，而自己坐享其成。这将导致选举产生的政治家无法代表大多数人的利益。

(2)规制机构的低效率

政府机构工作低效的原因在于以下三点。首先，竞争对手缺乏。公共产品的供给具有垄断性，政府部门容易投资过度，公共产品供大于求；同时，终身雇佣制度使得政府工作人员缺乏提高效率的压力。其次，降低成本的激励机制不足。政府规制活动无须担心成本问题，垄断的行政权力具有无限透支的可能性，行政资源趋于浪费。最后，监督信息不完全。政府官员的权力源于公民的权利让渡，应接受公民监督。但在现实中由于信息不完全，政府规制效果难以

评估，监督者为被监督者操控的现象难以避免。

(3)政府权力寻租

寻租是市场主体代表的利益集团，通过各种合法或非法的努力，促使政府实施对其有利的规制行为。寻租是市场主体通过影响政府规制而增加自身利益的非生产性活动，是对现有生产成果的一种再分配。政府权力的不当介入会扭曲分配格局，降低资源配置效率，增加社会成本。同时，寻租也会导致政府部门间的权力争夺，增加腐败概率，影响政府声誉。

(4)政府机构膨胀

政府机构膨胀包括政府机构成员的扩容和行政支出的增加。机构膨胀导致资源浪费，代理成本加大，治理效率递减。

2. 克服规制失灵的主要措施

(1)市场化改革

市场化改革就是在政府规制过程中引入市场竞争机制，通过公共产品供给市场化、政府直接参与市场运行等措施，在依赖政府权威制度运作的同时辅之以市场竞争和交换制度运作，以实行政府规制职能。

(2)分权改革

分权是解决组织官僚化的有效途径，通过政府经济职能非行政化，克服行政低效，增加公众获得信息的机会，减少社会系统运行的政府决策失误，在一定程度上矫正规制失灵。

(3)依法限权

现代政府是有限政府和法治政府，克服政府行为的自利性和内部性、避免规制失灵的关键是对政府机关及其工作人员的权力行使从主体、权限和程序等方面依法进行限制。

(4)促进公民的民主参与和有效监督

公民的民主参与有赖于法制健全、权利明晰、意识到位、渠道畅通。

三、依法规制理论：政府实施质量控制的途径

政府社会性规制的法学内涵是制定避免和纠正市场失灵和规制失灵的法律规则，并依据这些规则监督市场主体行为和规制机构的行政决策和执行程序，以保证规制目标的实现。政府社会性规制的本质是依法规制，规制的主体是法定的有权机关；规制的规则是具有强制执行力的法律规范；规制的内容有法定边界；规制的行为依据法定程序实施；规制的效果有法律监督和责任机制作为

保障。概言之，政府规制的全过程就是在信息收集的基础上创制法律和标准、进行行政裁决、遵循与强制执行的过程。

在行政法领域，学者对风险行政规制的正当性进行了较为深入的探讨。认为规制是一个在多重意义上使用的非常宽泛的概念，几乎所有的国家职能都与规制有关，而且所有的法律系统本身都是一种规制，它创造权利，并以国家机器保证实施(Stephen Breyer，2000)。规制强调的是对行为的持续、集中控制，因此，成熟的规制常常应包含三方面基本元素：制定规则；监督与检查；执行与制裁(卡洛尔·哈洛和理查德·罗林斯，2004)。

在规制活动中，规制机构为了保护公共利益，依据法律的授权，颁布行政规则，采用行政指导、发放许可、行政处罚等手段对某一领域进行监管控制。行政行为的事前预防和主动干预的特性使得政府在风险规制方面有着得天独厚的优势，现代社会风险成因的复杂性和发生的不确定性，对规制机构的风险分析和交流、快速反应等专业能力提出了更高的要求，较之立法机关立法活动的稳定性和司法机关个案审理的局限性，行政机关严密的组织体系、强大的行政职能和精细的分工可以胜任风险的规制之责。

自 20 世纪以来，政府风险规制活动在公众对于安全需求的压力下不断拓展，食品安全的政府规制正是反映了这一趋势，同时也体现了行政法追求以国家利益为核心的社会公共利益最大化的宗旨。经济法学界普遍认为，现代市场经济运行中存在的市场失灵和规制失灵共存的现象是经济法产生的动因。市场失灵需要政府的规制而政府又不足以完全克服，政府失灵可由市场弥补但市场又不足以完全弥补，政府和市场的良性互动需要完备的法律体系加以保障，既有民商法和行政法不能完全满足对市场主体行为和政府规制行为的法律调整，需要经济法担此重任，对国家对市场主体行为和宏观经济运行的干预进行法律调整(王全兴，2002)。

食品安全问题产生的根源正是市场调节和政府调节的双重失灵，食品市场中普遍存在的信息不对称和负外部性问题需要政府的规制，食品安全政府规制中存在的信息不完全、权力寻租和效率低下等问题又需要经济法的干预和矫正。从食品安全政府规制的目标来看，维护社会公共利益，实现人类健康、市场有序发展、社会稳定是政府规制的基本价值取向。经济法是社会本位法，维护经济活动中的社会整体利益协调发展正是经济法的根本理念(张涛，2002)。

食品安全规制主体、生产经营者和消费者之间的纵向和横向交织的社会关系既不是以个人权利为本位的传统私法所能完全调整的，也不是以政府权力为本位的传统公法所能完全调整的。因此，在经济法的制度框架内实施和规范政府对食品安全的规制行为具有合理性。

四、规制周期理论：好规制也会变坏规制

规制生命周期理论是对规制作为治理体系的组成部分进行日常问题的经验主义的理论研究，其中马沃尔·伯恩斯坦的规制委托生命周期分析被认为是规制周期理论最经典的论述。伯恩斯坦认为，尽管每个规制代理都有独特的特点，但是规制委托代理的历史显示其具有相似的"成长、成熟、衰退"的发展过程(Marver H. Bernstein，1955)。在规制过程中各个阶段长度可能会变化，有的阶段可能会跳过，但是能够体现规制具有自然的周期性。他认为这种周期在同一规制机构能够重复。规制的四个周期被定义为酝酿期、成长期、成熟期和衰退期，每个阶段都有各自的规制发展特点。酝酿期可能需要二十多年来形成并激发利益集团去要求立法来维护切身利益。经过努力争取，包含"含糊语言"和反映"国家未解决经济政策"的法令被通过。利益集团希望规制直接解决他们眼前所遭受的经济问题，而不去考虑在这方面的长期目标和政策。因为斗争具有长期性，法令通常会过时。在成长期，规制机构通常缺乏管理经验、目标模糊和法律权力未经考验，面对的却是组织精良、经验丰富的被规制集团。规制机构希望通过诉讼来确定其权力范围，但这些对于公众来说"太专业、高技术"而不被公众所了解。被规制集团试图指定规制机构，并且试图奖励或惩罚那些支持或反对他们的规制机构。由于缺乏公众的支持和政府的领导，规制机构会面临种种困境被孤立而不起什么作用。在成熟期，缺乏外部政府和公众的支持，规制机构就调整自身以适应面临的矛盾。规制机构越来越像一个管理者而不是政治家，更倾向经济管理手段，日益依赖先例和常规。没有外部压力，矛盾可以避免，规制机构寻求与被规制集团保持良好关系，"最终规制机构会为被规制集团所俘获"。在衰退期，成熟期的被动和冷漠演化为衰退。规制机构形成同被规制集团固定的工作协定，从而导致规制机构被视作被规制集团的保护者。政府认识到委托的衰弱，并拒绝额外的援助。规制机构就像一个落魄的老人，显示出对规制目标的怀疑。规制机构跟不上技术和经济组织的变化，对更广泛的政治和社会框架反应迟钝。由一项规制错误引发的丑闻或是紧急情况就会激发新规制行为。这种周期不断重复下去。

伯恩斯坦认为引起规制的初始危机或问题随着时间流逝而消退时，规制的性质也会发生变化。当对规制者的支持在减少时，规制机构关于规制者需要的

支持也会缩减。尽管规制周期理论缺乏实际的佐证且存在缺陷，该理论仍给人们提供了一种直观思考方式，作为公共产品的规制也可以具有像一般商品周期一样的发展特征。我国学者李怀(1999)也认为制度有其“生命周期”。他认为，同任何事物的发展过程一样，制度本身也有一个产生、发展和完善以及不断面临被替代的过程。某一特定的制度只能存在于一个特定的时期，有着它自己的“生命周期”。即使好的规制也会因周遭环境的变化而使令自身存在合理的初始条件发生变化，这样好规制也可能演变成为阻碍社会和经济发展的坏规制。政府应该运用规制生命周期理论来管理规制，在规制制订初期采用优质规制原则促使形成高质量规制，在规制整个周期内持续监督管理使其适应当今世界经济、社会和技术的迅速变革，毕竟现在太多过时和不需要的规制在阻碍社会和经济的发展。

五、规制治理理论：政府的规制方式与研究视角的转变

现代社会政治文明正从统治(Government)走向治理(Governance)，从善政(Good Government)走向善治(Good Governance)。联合国全球治理委员会对治理的定义为：治理是个人和公共或私人机构管理其共同事务的诸多方式的总和。它是使相互冲突的或不同的利益得以调和并且采取联合行动的持续的过程。它既包括有权迫使人们服从的正式制度和规则，也包括人民和机构同意的或以为符合其利益的各种非正式的制度安排。联合国全球治理委员会报告指出，治理有四个特征：首先，治理不是一整套规则，也不是一种活动，而是一个过程；其次，治理的基础不是控制，而是协调；再次，治理既涉及公共机构，也包括私人机构；最后，治理不是一种正式的制度，而是持续的互动。治理是政治国家与公民社会的合作、政府与非政府的合作、公共机构与私人机构的合作、强制与自愿的合作。梅理安则认为治理的主要特征“不再是监督，而是合同包工；不再是中央集权，而是权力分散；不再是由国家进行再分配，而是国家只负责管理；不再是行政部门的管理，而是根据市场原则的管理；不再是由国家‘指导’，而是由国家和私营部门合作”。善治将成为全球化时代的理想政治管理模式。概括地说，善治就是使公共利益最大化的政治管理过程。善治的本质特征，就在于它是政府与公民对公共生活的合作管理，是政治国家与公民社会的一种新颖关系，是两者的最佳状态。构成善治的基本要素有以下六个：合法性、透明性、责任性、法治性、回应性和有效性。治理和善治重构了政府、市场与公民之间的关系。正是在治理与善治的理念指导下和新公共管理

运动的推动下，政府的规制方式与研究视角发生了转变。

政府的规制方式逐步从直接干预转向了规制治理。政府的规制目标是构建能够可持续提高质量的规制环境，规制理念从早期单一的规制放松或减少行政管理转向了以善治为核心。一直以来对规制的反对源于对市场的规制是对正常市场自我调节机制和制度的干预的看法。有些规制也确实影响了市场的正常运行。但有效规制的目的恰恰应当是构建有效的市场："市场与规制不是对立的而是互补的"，所以规制是"经济、政治和法律相互的交织过程"(DOUGLAS McGregor，2006)，需要发展一个复合型的分析框架来解构规制。效率的获得不仅是公共机构向私人机构活动的转移，更重要的是引入管理的变化，这将使公共机构的效率增加。传统的规制方式是简单的"命令控制"的直接干预模式。这种规制方式是以政府为主导直接下达命令，下级直接服从的规制方式，存在许多弊端。私有化和规制放松都是试图改变规制原有的"命令控制"的直接干预模式。在治理和善治的理念指导下，政府、市场与公民之间的关系需要重构。政府作为直接生产和服务提供者的责任逐渐减少，同时，政府建立市场运行框架的责任日益重大。规制治理是政府运用政治组织能力，激励、改革用于管理公共机构的规制的机制，是能够化解矛盾的机制。规制治理作为规制设计的要素被认可。尽管可以看到规制激励确实影响绩效，但只有规制治理被成功地实施时，规制激励的影响(正面或负面)才会显现出来(淮建军和刘新梅，2007)。规制治理实施的内容因不同国家而异。例如，美国规制治理模式，采用复杂的行政程序和司法部门控制(宋敏和杨慧，2012)；英国规制治理模式，采用合同法和政府许可私人企业进入公共部门的形式(谢作诗，2007)。采用规制治理从根本上要塑造合理且高效的规制框架，在这样的规制框架下重新定位政府的职责，采取灵活、高质量的规制来激发竞争与效率。规制质量的提升正是广泛提升治理水平运动的一部分，政府规制质量是善治的有机组成部分，规制质量的提升有助于提升治理的可信度。所以，高质量的规制必须被视作公共产品。经济合作与发展组织(OECD)成员国认为规制框架的质量是国家竞争力的关键组成部分。

规制治理理论为政府规制理论研究提供了多重研究视角。从治理角度看，根据公共机构设置、使用规则和标准的效用不同，规制可以分为：商业规制(Regulation of Business)，即针对私人机构的规制；政府内规制(Regulation Inside Government)，即在政府机构内和机构之间的规制以及国家各层面的政府规制；国际规制(International Regulation)，即通过超国家机制在各国家政府间规制。其中，政府内规制指某一公共行政机构具有授权，能够在保持距离的情况下监管另一机构、运用一揽子工具来审核被监管机构的行为并在必要时予以纠正。这些工具或标准涉及资源投入、程序、产出或结果，反映包括经济效率、效能、质量和公平等目标。这种分析的视角使政府规制不仅强调商业规制等政府外部规制，也重视政府内部规制。政府内规制强调从内部角度审视规制，重视政府内部的规制问题。由于传统行政管理模式所暴露的激励问题、部门利益问题越来越严重，在政府机构内、政府机构之间以及不同级别的政府之间施加有效的控制措施就变得十分必要，这就导致了政府内监管研究的兴起。实施政府内规制，可以在政府内部实现公共服务的政策、供给和监管某种形式上的分离。在当今政府规制备受责难的时代，政府内规制的理论研究对解决政府规制深层次问题的意义非凡。英国等西方发达国家研究者在这方面已经展开了深入的研究。

六、全面质量管理理论：政府规制关键是质量

全面质量管理（Total Quality Management，TQM）理论由美国质量大师阿曼德·费根堡姆（Armand Feigenbaum）于 1961 年在其著作《全面质量管理》中提出。他将全面质量管理定义为“一种有效的系统，它能够将一个组织中的质量发展、质量维护和质量提高方面的努力融合起来，以便使生产和服务处于最经济的水平，并达到客户的完全满意”。全面质量管理理论是顺应了 20 世纪 50 年代以来科学技术和工业生产的迅速发展对高水平质量的需要而产生的，其思想逐步被世界各国接受，并在运用时各有所长。在日本被称为全公司的质量控制或一贯质量管理，在加拿大总结制定为四级质量大纲标准（CSAZ299），在英国总结制定为三级质量保证体系标准（BS5750）。1987 年，国际标准化组织（International Organization for Standardization，ISO）又在总结各国全面质量管理经验的基础上，颁布了关于质量管理和质量保证的 ISO 9000 系列国际标准。国际标准化组织认为全面质量管理“是一个以质量为中心，以全员参与为基础，目的在于通过让顾客满意和本组织所有成员及社会受益而达到长期成功的一种质量管理模式”。全面质量管理理论引起了广泛而深刻的社会影响和思想变革。在新公共管理运动的推动下，20 世纪末西方国家相继掀起了政府改革浪潮。在这场全球性的“政府再造”运动中，各国政府普遍认同以采用商业管理的理论、方法及技术，引入市场竞争机制，提高公共管理水平及公共服务质量为特征的“管理主义”或“新公共管理”纲领。全面质量管理理论被广泛引入

公共机构管理，切实地提高了公共机构服务质量和效率，并且成为一种潮流。全面质量管理理论主要包括以下观点。

第一，全面质量管理的基本特点是全员参加，全过程、全面运用一切有效方法，全面控制质量因素，力求全面提高经济效益的质量管理模式。

第二，质量是由顾客定义的，以“顾客为中心”。全面质量管理注重顾客价值，其主导思想就是“顾客的满意和认同是长期赢得市场，创造价值的关键”。质量并非意味着“最佳”，而是“顾客使用和售价的最佳”。

第三，质量是干出来的，不是检验出来的。好的质量是通过设计、制造等具体工作实施形成的，而不是检验出来的。

第四，质量管理是全体员工的责任。产品和服务的质量涉及组织内的各个部门和各个成员，其工作都直接或间接地影响着产品和服务的质量，所以质量管理不是某一个环节或某个人所负责的。全体员工的参与和创造性是全面质量管理的一大特色。

第五，质量管理的关键是不断改进和提高。全面质量管理是一种永远不能满足的承诺，“非常好”还是不够的，质量总能得到改进，“没有最好，只有更好”。在这种观念的指导下，企业持续不断地改进产品或服务的质量和可靠性，确保企业获取对手难以模仿的竞争优势。

综上所述，全面质量管理强调以质量为中心，全员参与为基础，倡导前馈控制和全面管理，以顾客需求为根本出发点，并以顾客满意为终极目标。全面质量管理能够帮助公共组织持续、渐进地提高服务和执行职能。根据美国审计总署1992年的统计，联邦政府2800多个机构中有68%使用全面质量管理的方法以提高服务水平。

第二节 相关文献综述

一、关于食品安全内涵及影响因素

目前食品安全(Food Safety)的含义有三个层次。第一，食品数量安全，即一个国家或地区能够生产民族维持基本生存所需的膳食需要。要求人们既能买得到又能买得起生存、生活所需要的基本食品。第二，食品质量安全，指提供的食品在营养、卫生方面满足和保障人群的健康需要。食品质量安全涉及食物的污染、是否有毒、添加剂是否违规超标、标签是否规范等问题，需要在食品受到污染界限之前采取措施，预防食品的污染和遭遇主要危害因素侵袭。第三，食品可持续安全，这是从发展的角度要求食品的获取需要注重生态环境的良好保护和资源的可持续利用。

本书所涉及的猪肉质量安全，即猪肉食品安全中的食品质量安全。食品安全涉及利益群体、消费者、政府机构、研究者等不同主体，其内涵具有一定的多层面性、复杂性。

1996 年，世界卫生组织（World Health Organization，WHO）将食品安全界定为“对食品按其原定用途进行制作，食用时不会使消费者健康受到损害的一种担保”。国际食品法典委员会（Codex Alimentarius Commission，CAC）将食品安全界定为“消费者在摄入食品时，食品中不含有害物质，不存在引起急性中毒、不良反应或潜在疾病的危险性”。从目前的研究情况来看，在食品安全概念的理解上，国际社会已经基本形成如下共识：第一，食品安全是个综合概念。内容上，食品安全包括食品卫生、食品质量、食品营养等方面；环节上，食品安全包括种植、养殖、加工、包装、存储、运输、销售、消费等方面。第二，食品安全是个社会概念。发达国家更关注技术所带来的问题，如转基因等；发展中国家更关注经济体制的不成熟引发的问题，如非法经营等。第三，食品安全是个政治概念。任何一个国家，食品安全都是政府、企业对社会最基本的责任和必须做出的承诺。第四，食品安全是个法律概念。需要通过立法来解决食品安全问题。

影响食品安全的因素有许多，不同类别的食品其影响因素也有所差异。根据国内学者阚学贵（2001）、赵霖和鲍善芬（2001）、宁望鲁（2001）、谢敏和于永达（2002）、刘为军等（2008）、边昊和朱海燕（2011）、陈原等（2011）的研究，从供应链角度来说，食品安全与每个环节都有关系：食品产地环境的污染，如空气、水、土壤等受到污染；食品生产过程中的污染，如化学药品、重金属、兽药、农药等污染；食品加工过程中的污染，如不按照要求使用各种添加剂等；食品包装过程中的污染；食品的运输、存储和销售环节中的污染，如微生物污染。任意一个环节出现问题，都会影响食品安全。所以，食品产业链条越长，出现食品安全问题的可能性就越大。

从检验检疫学的角度来说，可以将影响食品安全的因素划分为生物性污染、化学性污染和物理性污染。从科技进步（技术）的角度看，影响食品安全的因素包括新原料的使用和新工艺的实施存在的潜在威胁，如转基因技术带来的潜在威胁和其他新技术带来的威胁。对于新技术带来的威胁，可划分为客观因素和主观因素。客观因素，就是行为人按照道德、法律规范操作后，仍不能避免的食品安全问题，如瘦肉精曾一度被广泛推广；主观因素，就是行为人利用现有技术能够避免，但是利益主体故意制造的食品安全问题，如病死猪肉、注水猪肉问题。同时，随着国际贸易的全球一体化趋势，食品进出口将越发频繁，食品安全受到出口国的影响也随之增大，进口国或地区的食品面临的不确定风险加大。

二、有关食品质量安全的消费者行为

1. 国外研究

西方国家很多研究者对消费者行为与食品质量安全之间的关系进行了卓有成效的研究。他们一般以肉类、奶类、转基因豆类等食品为主要研究对象，探讨消费者异质性对不同质量安全水平食品的支付意愿以及影响因素。

北美和欧洲相关研究者普遍认为消费者对食品质量安全的信念、情感和倾向受到社会、文化、经济等因素的影响，消费者的消费习惯在很大程度上影响了其对食品的选择。霍姆(Holm)和基尔迪旺(Kildevang)(1996)认为，消费者不仅关心食品给自己带来的影响，同时对国家农业的发展、社会环境、饮食文化等也比较关注。桑杰(Sanjay)等(2014)通过实证分析，发现影响消费者对食品质量安全认知的因素主要有食品化学药物成分、污染情况、是否适合自己。亚历山德拉(Alessandra)等(2013)对橙汁消费情况进行了定量研究，认为消费者的性别、年龄、受教育程度、城市化等因素对橙汁消费认知的影响都具有显著差异。

巴兹比(Buzby)等(1995)对消费者购买不同质量西柚的意愿进行了调查，发现购买意愿主要受年龄和收入两个因素的影响：年龄较大的消费者更倾向于购买质量一般的西柚，年轻人倾向于购买质量较好的西柚；高收入者倾向购买质量较好的西柚，低收入者倾向购买质量一般的西柚。福克斯(Fox)等(1995)以在校学生为样本对三明治消费情况进行了研究，发现学生对低风险污染的猪肉三明治意愿支付的价格区间为0.5～1.40美元，高于一般三明治价格5%左右。汤普森(Kenneth R. Thompson，1998)对消费者如何选择有机食品和传统(一般)食品进了定量研究，认为占家庭主导地位的女性消费群体更愿意选择有机食品，专卖店的有机食品更容易被消费者认可。

施蒂格利茨(Joseph E. Stiglitz，1989)认为消费者的知识性对安全食品的选择具有显著影响，但是仅依靠消费者本身对安全知识的理解是不够的，市场信息是否平衡、企业是否诚实守信是引导消费者选择更安全食品的体制保障。阿克塞尔森(Axleson)等和孔滕托(Conento)等基于阿杰恩-菲什拜因(Ajzen-Fishbein)模型和健康信念(The Health Belief)模型，探讨了消费者在熟悉自身健康情况前提下对食品的选择倾向问题，认为消费者改变现有的消费模式应该具有两个条件：其一，消费者发现目前消费的食品已经危害到自身健康；其二，改变目前消费的食品能改善身体状况。艾欧姆(Sean B. Eom，1994)认为消费者是理性的，之所以选择风险食品，是因为那是当时约束条件下预期最大效用的离散选择，在信息不对称市场，影响消费者选择安全食品还是风险食品的主要因素是价格和预期风险信息，不是(政府或其他第三方质量认证机构)提供的科学技术评估信息。威尔金斯(Jennifer Lynn Wilkins，1996)认为，消费者效用函数应该引入选择风险，消费者对食品信息的认知和态度是影响选择风险的主观因素。

2. 国内研究

随着我国食品安全事件的不断发生，研究者对“消费者安全消费”问题给予了较多重视，取得了一定的成果，主要体现在如下三个方面。

一是研究消费者对食品质量安全的认知、关注、接受程度。尚杰等(2002)认为，目前我国开拓安全食品市场的最大障碍是消费者对食品安全的认知水平和对安全食品的接受程度，故当务之急在于塑造绿色食品营销环境和实施差异化营销策略。张晓勇等(2004)以天津消费者为样本进行了实证分析，发现在众多日常消费品中，消费者对蔬菜和奶制品的安全程度最为关心，面对诸如无公害食品、绿色食品、有机食品、转基因食品等不同质量等级的食品，消费者更倾向于选择绿色食品。周应恒等(2004)对南京570位消费者的超市购物情况进行了研究，发现多数消费者对目前食品质量安全情况持悲观态度。周洁红(2005)基于浙江528个城市居民样本，研究了消费者对生鲜蔬菜的态度，发现对蔬菜安全程度的认知是影响消费者购买不同质量等级生鲜蔬菜的最主要因素，面对无公害蔬菜、绿色蔬菜和有机蔬菜，消费者对前两个比较熟悉，对有机蔬菜非常陌生。三聚氰胺事件过后，周应恒和卓佳(2010)调查了消费者对奶制品安全风险的认知情况，发现消费者对于奶制品安全风险的担忧程度仍然很高，购买意愿尚未得到有效恢复，同时阐明了影响风险认知的主要因素包括控制程度和优虑程度，次要因素包括了解程度和危害程度。欧阳海燕(2011)研究发现我国只有三成多人对食品质量安全状况感到满意，九成多人认为中国食品质量安全存在问题，近七成人对食品质量安全现状感到没有安全感，其中膨化及油炸食品是让人最不放心的食品种类，而吃到病死牲畜肉则是最担心的食品质量安全问题。

二是探讨消费者对食品质量安全的支付意愿及其影响因素。张晓勇等(2004)认为消费者对食品安全具有一定容忍度，不愿意对安全食品支付过多的费用。周应恒等(2004)通过实证分析，发现面对准确的不同质量等级的食品信息，消费者对较高质量等级的食品表现出较强的购买倾向。侯守礼等(2004)基于回归模型分析了上海消费者对不同质量大豆烹调油的购买倾向，发现面对传统大豆烹调油和转基因大豆烹调油，消费者更倾向于选择传统大豆烹调油，只有当转基因大豆烹调油低于传统大豆烹调油的28.5%及以上时，消费者才愿意选择转基因大豆烹调油。杨金深等(2004)基于石家庄样本，探讨了消费者对无公害蔬菜的支付意愿，发现消费者的性别、收入、年龄等因素对其支付意愿影响显著，影响无公害蔬菜销售的主要因素是价格和质量保证。周洁红(2005)实证分析了消费者对无公害蔬菜、绿色蔬菜和有机蔬菜三种食品的购买倾向，发现：消费者对安全程度越重视、对安全信息关注程度越高，购买蔬菜的质量等级也越高；青年人比老年人更倾向购买高质量蔬菜，已婚消费者比未婚消费者更倾向购买高质量蔬菜。胡卫中和耿照源(2010)研究发现：城市白领和价格敏感者两类典型消费者群体对农家猪肉的支付意愿远高于其他猪肉品种，也愿意为无公害猪肉、品牌猪肉和科学猪肉支付一定幅度的溢价；消费者对土猪肉的支付意愿与对普通猪肉基本没有差异；猪肉品质的品牌保证效果可能好过政府机构的质量认证。王怀明等(2011)以南京猪肉消费为例，探讨了消费者对食品质量安全标识的支付意愿，发现：对食品加贴不同种类的标签标识有助于提高消费者的效用水平；我国消费者对质量安全标识的支付意愿较高；可追溯标识在一定程度上能够增加消费者对安全认证标识的信任度，进而提高其支付意愿；原产地标识对安全认证标识的支付意愿影响不大，但可以强化消费者对产品质量品质的信任度。周应恒和吴丽芬(2012)研究发现：消费者对低碳猪肉的平均支付价格为18.95元(初始价格为15元)，平均支付意愿为3.95元；低碳猪肉价格、消费者低碳农产品认知度、家庭收入、家庭人口、受教育程度等对消费者支付意愿均有显著影响。

三是研究了食品质量安全市场的信息及信息对消费者支付意愿的影响。钟甫宁和丁玉莲(2004)基于社会实验方法，模拟了提供转基因知识前后，消费者对转基因食品的认知及购买意愿的变化，发现未对转基因食品形成某种态度的消费者与形成某种态度的消费者相比，更容易受到提供的转基因知识的影响，同时对负面信息更加敏感。周应恒等(2004)认为消费者选择食品遵循食品质量安全信息—消费者态度—购买意愿的路径，提供充实、可靠的质量安全信息能够强化消费者的态度，所以建立完善的市场机制是很有必要的。周洁红(2005)发现消费者对生鲜蔬菜的态度和对蔬菜的购买意愿，与消费者掌握的蔬菜信息显著相关，所以提高消费者对蔬菜信息的了解程度有助于提高购买意愿。陈志颖(2006)对北京地区的消费者进行实证分析，发现有些因素，如购买能力、购买地点、对质量认证信号的信任、产品了解程度等，对购买意愿影响显著，但对购买行为影响不显著，原因在于购买意愿影响购买行为路径中存在的一定的中介变量。

综上所述，国内外研究者对不同质量等级食品与消费者购买行为之间的关系进行了研究，取得了一定的成果。不过存在几个问题：首先，一些研究者将质量认证信号划分为无公害食品、绿色食品、有机食品，未包含普通食品，在进行不同等级食品比较上略显欠缺；其次，购物场所方面，研究者更多选择了超市，未考虑农贸市场(菜市场)这类普遍存在的购物场所；最后，样本选择主要集中在城市，对乡镇地区的消费者研究较少。

三、有关食品质量安全的政府管理

食品质量安全管理是一个世界性问题。许多发达国家根据国情，建立了相对完善的食品质量安全管理体系。在横向方面，形成了以各种法律法规、组织结构和制度为内容的管理体系，并且政府和企业建立了危害分析与关键控制点的预防性控制体系；在纵向方面，实施了“从田间到饭桌”的全过程管理。在管理方法和手段上，发达国家注重制度与行政的结合。在制度层面规定了完善的食品安全标准，建立了食品检验检测体系，实施了严格的市场准入制度，规定了法律责任等。行政层面主要涉及：监督检查，食品质量安全教育，生产流程培训等(李生和李迎宾，2006)。

发达国家很早就开始了食品质量安全管理的成本—效益研究。1995 年，美国农业部(USDA)成立了管理评估和成本收益分析办公室，并要求所有OECD 成员国的政府部门都使用一些科学方法对管理进行评估。为此，经济学家阿罗(Arrow)等(1995)提出了环境、健康和安全管理的成本收益分析原理。安特尔(JOHN M. ANTLE，1995)在罗森(Rosen)的产品模型和格特勒(Gertler)、瓦尔德曼(Waldman)的成本函数模型基础上，提出了有效食品安全管理原理，同时对牛肉、猪肉和家禽等产品进行了估计，发现美国对食品质量安全管理的成本超过了农业部的估计收益。

我国政府对食品质量安全管理也进行了较完善的法律、法规、体制等方面的建设。我国研究者对政府监管的现状、问题及建议进行了大量研究。周德翼和杨海娟(2002)认为政府宏观管理是保障食品质量安全的关键，政府应该通过认证、标识、市场准入和监测等一系列措施来控制食品质量安全，减少市场信息的不对称。马述忠和黄祖辉(2002)以转基因食品为研究对象，探讨了国际贸易标签管理的现状、规则，并提出了建议。王秀清和孙云峰(2002)认为应该成立一个全国统一机构，宏观控制整个食品产业链，实现对每个环节的有效监管，以此保障食品质量信息的有效传递。周洁红和黄祖辉(2003)认为政府在严格监管食品质量安全的同时应该注重效率，设置市场准入、检查监督、安全标识三项制度可以有效节省信息揭示成本和管理成本，另外，政府应该抓大放小，重点培育由产业链主要企业组成的行业协会，对协会的食品质量安全控制行为进行评估与控制。周洁红(2005)通过对浙江生鲜蔬菜消费的研究，分别从法律法规体系、质量认证体系、标准体系、检测检验体系等几个方面对政府管理进行了分析，发现消费者最需要政府随时披露市场监测结果，并严格惩治破坏秩序的企业。王玉环和徐恩波(2005)认为农产品质量安全具有商品属性和准公共物品属性，因此，保障农产品质量安全，不仅需要市场竞争来不断提高质量水平，也需要政府依靠强制力量，确保相关法律规范的实施。

胡泽平(2010)认为，食品企业社会责任缺失、政府监管体制庞杂、消费者监督乏力造成了国家食品质量安全控制系统能力的欠缺。刘小峰等(2010)从物流平衡的角度解释了一些食品安全事故发生的必然性。他们认为不同的供需关系会导致不同的食品质量安全情况，供需关系越紧张，食品安全事故发生的可能性越大。在供需极度失衡的情况下，政府监管能在一定程度上控制有害物质的恶性传播，但不能从根本上保证食品质量安全。赵翠萍等(2012)认为，构建政府、企业和消费者共同参与的相关者责任体系是保障食品质量安全的有效途径。刘艳秋和周星(2009)认为，为了提高消费者对食品质量安全的信任，政府机构要做好监管工作，加强消费者食品质量安全教育，食品企业要持续改进生产技术，提高生产安全食品的能力，第三方质量认证机构应积极向消费者展示其公正性。

四、关于供应链模式、农产品供应链

1. 供应链模式

供应链运行模式是基于特定的目的而对一般供应链采取的特殊的设计、运行和管理方案。近年来，有关供应链运行模式的相关研究发展迅速。而随着理论研究和供应链实践的不断深入发展，不同的供应链运行模式也被不断的归纳和提出。

(1)基于灵活性的供应链运行模式

灵活性的供应链运行模式体现了供应链节点企业间(企业内部各部门之间)针对市场变化的反应速度情况。灵活性的供应链运行模式主要有：虚拟企业、敏捷制造、快速反应、供应商管理库存。

虚拟企业(Virtual Enterprise)，是当市场出现新机遇时，具有不同资源与优势的企业为了共同开拓市场，共同对付其他竞争者而组织的，建立在信息网络基础上共享技术与信息，分担费用，联合开发、互利的企业联盟体。虚拟企业是一种具有代表性的合作企业策略，它实际上是一种短期的、只限于一个或几个项目周期内的企业网络结合。

敏捷制造(Agile Manufacturing)，出自 1994 年美国国防部提出的《21 世纪制造企业战略》。敏捷制造的核心思想是：提高企业对市场变化的快速反应能力，满足顾客的要求；为了达到这个目标，企业不仅可以充分利用内部资源，而且可以充分利用其他企业乃至社会的资源。敏捷制造主要包括三个要素：生产技术、组织方式和管理手段。桑切斯(Sanchez)和纳吉(Nagi)认为，与敏捷制造相关的供应链研究方向主要集中在生产设计与计划，信息系统和供应链伙伴关系选择上面。洪伟民和刘晋(2006)等，对敏捷供应链的组织结构和绩效评价问题都做了相关研究，将敏捷制造这一生产方式扩展到整个供应链。

快速反应(Quick Response)，指物流企业面对多品种、小批量的买方市场，不是储备了产品，而是准备了各种要素，在顾客提出要求时，能以最快速度抽取要素，及时组装，提供所需服务或产品。快速反应要求供应链成员企业之间建立战略合作伙伴关系，利用电子数据交换(EDI)等信息技术进行信息交换与信息共享，用高频率小数量配送方式补充商品，以实现缩短交货周期、减少库存，从而提高对顾客的服务水平，提高供应链的竞争力。

供应商管理库存(Vendor Managed Inventory)，指供应商等上游企业基于其下游顾客的生产经营、库存信息，对下游顾客的库存进行管理与控制，是一种在供应链环境下的库存运作模式。实际上，供应商管理库存是将多级供应链问题变成单级库存管理问题。基于实际或预测的消费需求和库存量来决定库存量，有利于供货商更快速地对市场变化和消费需求进行反应。

(2)基于成本控制的供应链运行模式

基于成本控制的供应链运行模式侧重从节省不必要的成本角度来处理供应链企业之间的关系。基于成本控制的供应链运行模式主要有：外包、延迟制造、精益生产、电子商务。

外包(Outsourcing)，指企业动态地配置自身和其他企业的功能和服务，并利用企业外部的资源为企业内部的生产和经营服务。企业为了提高自身核心竞争力，将非核心业务委托给其他专业公司，这样可以集中企业资源，更专注地提高核心业务。外包理论奠定了企业与合作企业之间结盟的理论，外包与供应链相互融合，促进了企业之间优势合作。

延迟制造(Postponement)，指企业将产品多样化的点尽量后延。在供应链中，将产品生产过程划分为通用化阶段和差异化阶段。生产企业先生产通用化阶段的产品(部件)，差异化阶段的产品暂时不生产。当最终用户明确产品属性后，再生产差异化阶段的产品(部件)。延迟制造可分为后勤延迟、拉动式延迟和类型延迟。延迟制造的目的在于提高通用化阶段生产的效率，降低最终产品的不确定性风险。

精益生产(Lean Manufacturing)，简单而言就是杜绝浪费和无间断作业的生产方式。最早产生于日本的丰田汽车公司。通过系统结构、人员组织、运行方式和市场供求等方面的变革，使生产系统能很快适应顾客需求的不断变化，并能使生产过程中一切无用、多余的东西被精简，最终达到包括市场供销在内的生产的各方面最好结果的一种生产管理方式。

电子商务(Electronic Commerce)，就是通过电子手段进行的商业事务活动。基于互联网、通信技术等技术，使企业内部、企业与企业之间、顾客与企业之间信息共享，实现企业业务流程的电子化，提高企业的生产、库存、流通等各个环节的效率。目前存在的研究集中在成员关系管理策略和信息管理模式等方面。

(3)供应链运行模式整合化发展及新理念的引入

基于灵活性和成本控制是从不同角度来设计供应链运行模式的，各角度并不矛盾，这样就出现了一些运行模式并存或相互融合的现象。也就是说，在供应链运行过程中，通过引入信息技术、调整结构以及创新管理，不仅能提高供应链对市场需要的灵活性，而且也能在一定程度上降低成本。例如，一些学者将敏捷性与精益性融合到了一起，通过分段耦合理论，针对供应链的不同阶段设计敏捷模式或精益模式。有些研究者将成本控制与定制融合到了一起，提出了大规模定制模式。这些研究(融合)扩展了供应链运行模式的内涵和外延，丰富了供应链理论，并出现了针对不同供应链设计相对更有效的运行管理模式。

研究者在融合不同供应链运行模式的同时，也提出了一些新的理念。这些新的理念一般基于社会普遍存在的问题而提出，并引起了越来越多研究者的关注。有些理念已经被认可为有效的供应链运行模式。基于环保回收的供应链运行模式就是这些新理念之一。该运行模式包含：绿色供应链、生态供应链以及逆向供应链和闭环供应链。其中，绿色供应链和生态供应链的目的在于将企业和环境相联系，研究者主要从内涵、框架、内容等方面进行研究；逆向供应链和闭环供应链主要考虑了产品回收的过程，研究者主要从供应链框架、协调、物流以及应用等方面进行研究。

伴随着供应链理论的不断创新以及社会食品质量安全问题的日渐严重，一些研究者从安全的角度出发，提出了封闭供应链运行模式。该理论于 2006 年由南开大学现代物流研究中心提出。提出后，被国家科技部列为科技支撑项目“绿色农产品封闭供应链技术集成与产业化示范”。南开大学现代物流研究中心认为，封闭供应链是以保证产品安全及质量控制为目的，通过一系列管理制度规范和管理模式创新，确保供应链产品从生产到消费全过程处于严格的质量监管之中，达到流通过程中的质量稳定和最大限度控制产品质量安全问题危害的供应链系统。封闭供应链的主线在于保障产品质量安全，做法是对供应链各环节企业实行严格的市场准入制度、监管机制，并在整个流程中进行动态跟踪。在物质生活水平较高的时期，对于食品而言，最重要的是安全而不是价格。所以封闭供应链非常适合应用于食品行业，以此更好地保障食品质量安全。

通过对不同形式的供应链模式的梳理，不难发现，供应链运行模式理论朝着两个方向发展：一个是不同层面的融合、整合；另一个是针对突出(本质)问题，提出新的理念。这些新的发展方向，需要不断的验证。封闭供应链主要针对产品质量安全的突出问题，要求政府给予全程监管，特别适用于食品行业。

2. 农产品供应链

1901 年，约翰·克罗韦尔(John Crowell)在提交给美国政府的“工业委员会关于农场产品配送”的报告中第一次提出探讨农产品配送的成本和因素问题，从而开启了对物流的研究。国外研究者对农产品供应链的研究，主要集中在农产品市场、农产品安全、农产品物流可追溯性、冷链物流等方面。

罗伯特(Robert)等(2002)对农产品国际化问题进行了研究，认为农产品跨国销售应该考虑五个方面：农产品生产企业和零售企业趋于集中；农产品零售企业的权利较大；农产品消费呈现全球化与个性化并存的情况；农产品生产企业和零售企业成功的关键要素在于技术能力；农产品市场呈现需求拉动趋势。孙国华(Sun Guohua)等(2013)对农产品供应链信息跟踪的宽度(Breadth)、深度(Depth)和精度(Precision)进行了系统研究，认为农业企业应该掌握市场对农产品的需求情况，利用市场需求信息来设计供应链信息跟踪的宽度、深度和精度，由于企业资源有限，在设计宽度、深度和精度时，要考虑投入和收益之间的关系，只有当收益大于投入时，才能有效开展农产品供应链信息跟踪的建设。

2008年9月，在第二届中国食品物流安全论坛暨冷链系统建设洽谈会上，中国交通运输协会常务副会长王德荣强调，随着经济的不断发展、人民生活水平的不断提高，保障食品安全具有重要意义，同时他认为当前应该充分协调供应链上、下游的企业，加强冷链物流建设的步伐。李学工和易小平(2008)认为农产品营销需要引入现代物流思想，农产品营销不是简单的生产、初加工、保管、存储、运输的总结，而是需要借助现代物流及供应链的思想来解决。

我国当前的农产品流通领域还存在着诸多问题，尚未形成高效的农产品物流体系。王新利和张襄英(2002)认为，我国农产品物流存在着成本过高、农产品质量不高等问题，出现这些问题的原因在于传统的经营方式和技术水平不高，要想解决这些问题关键在于建立科学的农村物流体系。张敏(2004)认为，我国农产品物流存在的主要问题是有些农产品物流渠道不健全，农产品的冷链物流尚未形成，物流信息化水平落后，农产品缺少统一的标准。徐卫涛和宋民冬(2006)认为我国农产品物流存在以下几个问题：物流技术水平落后，以至农产品在流通过程中严重损耗；农产品物流管理水平低下，存在严重的重复建设；不能广泛应用信息技术，农产品物流的社会化水平、专业化水平较低。曹军等(2006)也认为，我国农产品物流发展速度过慢、水平较低，普遍存在着高成本、高损耗、不持续、信息不畅通等问题。

很多研究者对农产品流通领域存在的问题提出了建议。姜大立和杨西龙(2003)从农业行业物流管理的角度，提出农业行业物流管理应通过农资连锁经营配送管理、农业产业化经营管理和农产品物流管理来开展，并提出建立我国四类农业物流运作模式：农资企业的连锁经营模式、订单农业模式、产业化生产模式、农产品批发模式。陈淑祥(2005)认为农产品从生产领域进入消费领域，可通过农贸市场、批发市场、连锁超市、拍卖、网上交易等多种流通方式实现。不同的流通方式，其交易成本、交易效果等是很不一样的。通过对农产品主要流通方式进行现状分析，便于现有农产品流通模式更有效地运作。陈善晓和王卫华(2005)认为，我国农产品流通过程中存在着诸如思想观念落后、管理水平不高、硬件设施条件差等现象，由此直接造成了我国农产品流通过程中成本高、效率低、利润少的问题，要解决这些问题，应该发展农产品第三方物流。兰丕武和吉小琴(2005)分析了现代农产品物流配送的几种模式：自营配送、农户加企业的配送、现代农村供销社配送、农产品共同配送和第三方配送。耿翔宇和李艳霞(2006)阐述了建设农产品供应链管理信息系统的重要意义及重大作用。他们提出了区域农产品供应链管理信息系统的构建方案，包括门户网站、订单管理系统、运输管理系统、库存管理系统、决策支持系统、接口系统等。张文松和王树祥(2006)认为，我国农产品现代物流应该因地制宜，发展以批发市场为中心、以中介组织为中心和以物流园区为中心的三种典型物流模式。

近几年，对农产品封闭供应链的研究逐渐增多。邱忠权等(2008)认为绿色农产品封闭供应链可以分为物流时间最优、物流过程农产品损耗最少以及物流成本最优三种模式。张焱(2009)认为封闭供应链的核心目的在于对产品质量的管理，采用的主要手段是全程质量安全控制体系、先进的信息技术以及现代物流技术。王多宏等(2008)认为农产品供应链是解决农产品物流成本高的主要途径，具有重大的理论价值和现实意义。焦志伦(2009)构建了我国城市食品封闭供应链运行模式，该模式从政府的准入、企业多级检测和信息可溯性三个角度来分析。周荣征等(2009)从信息可溯性角度构建了绿色农产品封闭供应链体系结构。陈恭和(2007)针对我国农产品质量水平不高、国际市场竞争力不强的问题，提出了基于技术性贸易壁垒(TBT)预警信息系统的绿色农产品封闭供应链模式。刘伟华等(2010)对农产品封闭供应链动态成本问题进行了研究，他们利用了动态规划法和时间序列法对不同环节、不同阶段的成本进行了预测。

综上所述，已有文献对农产品封闭供应链进行了一定研究，取得了一定成果。但是，农产品封闭供应链的基本理论还没形成，如消费者作为封闭供应链的终端的作用是什么，政府对供应链节点企业的监管重点是什么，这些问题目前很少有研究。我国农产品物流理论研究还处于起步阶段，对农产品封闭供应链没有形成系统的成果体系，需要进一步展开研究。

五、关于猪肉供应链

1. 猪肉供应链节点企业之间的竞合关系

研究者对猪肉供应链节点企业之间的竞合关系研究，主要集中在竞合内容、竞合机理和实证分析等方面。亚当·布兰登伯格(Adam Brandenburger)和巴里·诺尔巴夫(Barry Nalebuff)(1996)认为供应链成员之间是一种竞合的关系，合作把“饼”做大，竞争把“饼”分掉。以此为出发点，孙世民、唐建俊和王继永(2008)提出了优质猪肉供应链节点企业合作关系的动机和内容，认为养猪企业、屠宰加工企业和超市之间的合作动机在于“追求合作优势”，这些优势包括对外竞争、减少开拓市场成本、建立信誉，节点企业之间相互竞争的焦点在于“合作收益如何分配”。孙世民、卢凤君和叶剑(2003)以高档猪肉供应链为研究对象，基于激励和利益协调的视角建立了超额收益模型，探讨了生猪养殖环节与屠宰加工环节之间竞合的价格条件与影响因素。孙世民、张吉国和王继永(2008)基于沙普利(Shapley)值法、多因素综合修正法和理想点原理确定修正系数法，探讨了优质猪肉供应链节点企业之间的利益分配思路。孙世民、沙鸣和韩文成(2009)利用委托代理理论，提出了优质猪肉供应链节点企业之间激励监督模型，阐明了激励与监督在促进节点企业合作过程中的重要作用。孙世民和唐建俊(2009)基于熵变模型，阐明了优质猪肉供应链节点企业竞合关系的演进机制。于晓慧(2009)认为在猪肉供应链节点企业之间分散决策时，引入合理的收入共享机制，可以实现供应链利润最优。柳珊等(2009)基于协同理论分析，认为完善优质猪肉供应链节点企业之间的委托代理关系和合作伙伴关系，是实现供应链协同的重要保障。孙世民、陈会英和李娟(2009)对优质猪肉供应链竞合关系进行了实证研究，发现养殖企业、屠宰加工企业和超市之间具有较强的合作意愿，动机在于保障猪肉质量安全的前提下获取稳定的高收益，竞合的内容主要包括签订合同、物流配送、质量等级、价格确定、货款清偿时间、地位不平等等问题。

2. 基于供应链的猪肉质量安全研究

卢凤君、孙世民和叶剑(2003)首次提出了高档猪肉供应链的概念，指出高档猪肉供应链是以有效提供高档猪肉为目的，以猪肉加工贸易企业为核心，由仔猪、饲料、兽药等生产资料供应，生猪养殖、生猪屠宰、生猪加工、猪肉流通、猪肉配送和猪肉销售等组成的网链。周曙东和戴迎春(2005)认为，猪肉供应链涉及养猪场(企业)、养殖户、屠宰企业、批发零售商(企业)以及消费者等相关利益群体。孙世民和满广富(2006)认为优质猪肉供应链节点企业应该包含一定规模的养猪场、适度规模的屠宰加工企业、超市以及理性消费群体，同时他们还认为优质猪肉供应链与一般制造业供应链相比，更注重质量，而不是对市场需求的响应。

通过实施供应链管理来提高我国猪肉质量，得到了政府、企业和研究者的普遍认可。卢凤君等(2003)，陈湘宁等(2003)，陈超(2003)，孙世民(2003)，戴迎春、韩纪琴和应瑞瑶(2006)等研究者较早地论证了猪肉供应链管理与猪肉质量之间的关系。他们认为：实施供应链管理是实现大城市高档猪肉有效供给的根本；实施供应链管理是促进猪肉生产标准化和规范化，进而保障猪肉食品质量安全的必然选择和客观要求；优质猪肉供应链的基本构成和运作模式有利于保障猪肉质量安全；新型的猪肉供应链中，生猪养殖阶段与屠宰加工阶段的有效整合，可能是保障猪肉质量安全的关键。

近些年，随着猪肉质量安全事件的频发，研究者围绕供应链节点企业展开了深入研究。刘玉满等(2007)基于对山东生猪养殖、屠宰以及市场销售等供应链环节的质量安全管理的分析，发现我国畜产品供应链的质量安全管理体系在实际运行中存在漏洞。韩文成、孙世民和李娟(2010)认为，屠宰加工企业是优质猪肉供应链的核心企业，其质量安全控制能力是决定猪肉质量安全的关键。曲芙蓉、孙世民和宁芳蓓(2010)认为，实施供应链管理是解决我国猪肉质量安全问题的有效途径，超市作为优质猪肉供应链的主流销售终端，是控制猪肉质量安全的最后关口，应具有良好的质量安全行为。王军等(2010)基于吉林消费者调查数据，分析了消费者对猪肉质量安全的认知情况以及对质量安全猪肉的支付意愿，发现消费者对猪肉质量安全认知能力还比较低，对优质安全猪肉支付溢价幅度不高，消费者购买优质安全猪肉的行为主要受猪肉质量安全关注度、消费者受教育程度等因素的影响。韩文成、孙世民和李娟(2011)认为，实施供应链管理是解决目前我国猪肉质量安全问题的有效途径，形成并提升核心企业质量安全控制能力是优质猪肉供应链管理的关键。彭玉珊、孙世民和周霞(2011)提出了优质猪肉供应链合作伙伴的质量安全行为协调的概念，认为协调演化方向受协调成本、协调收益、收益分配系数(损失分摊系数)、被惩罚概率、潜在损失、经营规模和奖惩系数七个因素的影响。曲芙蓉、孙世民和彭玉珊(2011)认为超市作为优质猪肉供应链的主流销售终端，其质量行为对于保障猪肉质量安全、促进猪肉产业健康发展具有重要作用，同时基于山东 456 家超市的实证分析，认为经营规模、经营年限、管理者文化程度、经营类型、是否签订合同以及供应链物流认知、环境维护认知和其他超市影响这八个因素对超市良好质量行为实施意愿有显著正向影响。乔娟(2011)对北京大型农产品批发市场的猪肉质量进行分析，发现猪肉质量良好、猪肉经营规范有序，但尚有一定提升空间，认为政府应进一步加大投入，继续加强农产品批发市场的软、硬件建设，完善猪肉等食品的质量安全监管和追溯体系。王慧敏和乔娟(2011)对瘦肉精事件进行分析，认为事件发生的主要原因是消费需求、利益驱动、链条松散、检测费用高、部门协调难度大，政府应从加强执法、明确责任等方面来杜绝瘦肉精事件再次发生。彭玉珊、孙世民和陈会英(2011)认为，养猪场(户)实施健康养殖是提高猪肉产品质量安全水平的首要前提和基本保障，决策者的文化程度、养猪场(户)的养殖规模、专业化程度、是否加入优质猪肉供应链和对健康养殖的认知以及政府是否宣传并提供支持这六个因素对养猪场(户)健康养殖实施意愿有正向影响。张园园、孙世民和季柯辛(2011)发现养猪场(户)的质量安全行为对于从源头上保障猪肉质量安全具有重要作用。沙鸣和孙世民(2011)基于逼近理想解排序(TOPSIS)模型，对山东等 16 省(市)的 1156 份样本进行了分析，研究结果表明：投入品采购和生猪养殖管理是猪肉质量链的关键主链节点；生猪屠宰加工和环境卫生维护是猪肉质量链的重要主链节点；种(仔)猪采购、疫病防治、生猪收购、入市检验和储运保鲜是猪肉质量链的关键子链节点；饲料采购、养殖档案、动物福利、检疫检验和质量追溯是猪肉质量链的重要子链节点。王仁强、孙世民和曲芙蓉(2011)认为为改善超市猪肉从业人员的质量安全认知与行为状况，应强化政府、猪肉供应链和超市间的合作，加强宣传、监管、培训、交流、考评和奖惩等方面的工作。孙世民和彭玉珊(2012)认为实施供应链管理是解决目前中国猪肉质量安全问题的有效途径，合作伙伴间质量安全行为协调是优质猪肉供应链管理的核心。孙世民、张媛媛和张健如(2012)认为养猪场(户)的质量安全行为对于从源头上保障猪肉质量安全具有重要作用，养猪场(户)决策者文化程度、养殖规模、养殖模式、行为态度、兽药使用认知、残留危害认知以及产地检验七个因素对其良好质量安全行为实施意愿有显著影响。张雅燕、李翔宏和胡明文(2013)认为以大中型屠宰加工企业为核心企业的畜产品供应链管理对于保障质量安全具有重大意义。

第三节 相关概念界定

一、猪肉质量安全

中国在以下方面对食品质量安全标准进行了界定：食品相关产品的致病性微生物、农药残留、兽药残留、重金属、污染物质以及其他危害人体健康物质的限量规定；食品添加剂的品种、使用范围、用量；专供婴幼儿的主、辅食品的营养成分要求；对与营养有关的标签、标识、说明书的要求；与食品安全有关的质量要求；食品检验方法与规程；其他需要制定为食品质量安全标准的内容；食品中所有的添加剂必须详细列出；食品中禁止使用的非法添加的化学物质。中华人民共和国卫生部于2005年1月颁布了《鲜(冻)畜肉卫生标准》(GB2707－2005)，细致地规定了包括猪肉在内的鲜(冻)畜肉的卫生指标和检验方法以及生产加工过程、标识、包装、运输、存储的卫生要求。

结合相关研究，本书将猪肉质量安全界定为：消费者在摄入猪肉时，猪肉中不含有害物质，不存在引起急性中毒、不良反应或潜在疾病的危险性。

二、猪肉封闭供应链

猪肉质量安全问题不仅仅是养殖企业、屠宰企业的问题，而是整个供应链的问题。任何一个节点出现不安全因素，都会影响最终的猪肉质量安全，这就要求从整个供应链的角度去探讨猪肉质量安全问题。2006年，南开大学现代物流研究中心提出了封闭供应链的概念，其含义界定为：以保证产品安全及质量控制为目的，通过一系列管理制度规范和管理模式创新，确保产品从生产到消费全过程处于严格的质量监管之中，达到流通过程中的质量稳定和最大限度控制产品质量安全问题危害的供应链系统。可见，封闭供应链在一般供应链的基础上，注重过程的监管和可控性，并将消费者纳入其中。

仿照南开大学封闭供应链的概念，本书对猪肉封闭供应链做出如下界定：以猪肉安全为目的，通过一系列管理制度规范和管理模式创新，确保猪肉从养殖到屠宰、零售，最后到消费者的全过程处于多层次的监督管理和检测之中，实现信息可溯性，最终实现安全消费的供应链系统。

需要澄清的问题是，猪肉供应链涉及的节点企业比较多，如饲料企业、兽药企业、育种企业、养殖企业、屠宰企业、运输企业、仓储企业、零售企业等，为了研究方便，本书只选择了养殖企业、屠宰企业、零售企业、消费者这四个节点，研究在政府的监管之下这四个节点在猪肉质量安全层面的行为。为了直观把握猪肉封闭供应链的内涵，绘制猪肉封闭供应链运行模式图(图1-1)。猪肉封闭供应链研究的主体有政府、养殖企业、屠宰企业、零售企业和消费者。研究的思路是政府通过安排制度规范、监管，对整个猪肉封闭供应链严格控制，猪肉从养殖企业流向消费者的过程中，层层检测，关关控制质量。

三、猪肉封闭供应链特点

猪肉封闭供应链与传统意义上的猪肉供应链相比，具有明显区别。图1-2

为我国典型的猪肉供应链运行模式(陈超和罗英姿，2003)。比较图 1-1 与图 1-2，可以看到猪肉封闭供应链具有鲜明的特点。

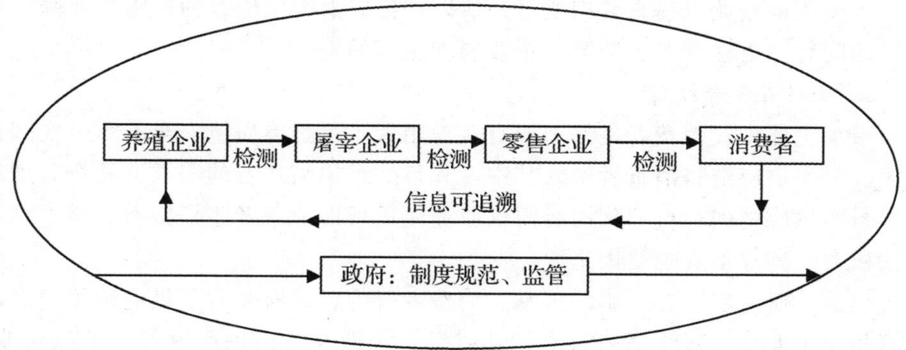

图 1-1　猪肉封闭供应链运行模式图

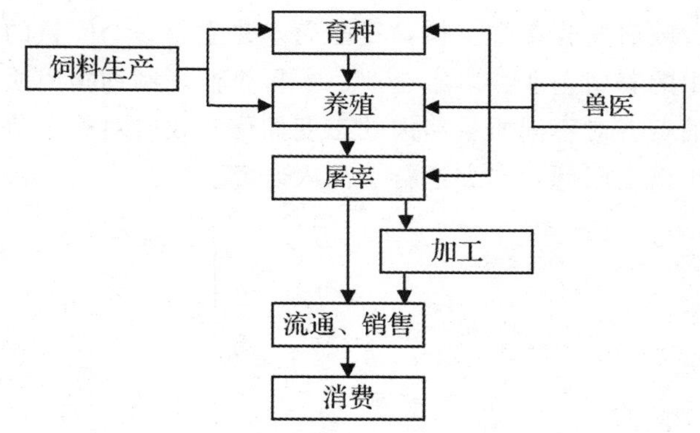

图 1-2　我国典型的猪肉供应链模式

1. 强调整个流程的信息可溯性和可控性

从生猪出栏到摆上餐桌的过程，产品流通的过程，也是一般供应链研究的重点。相反，从餐桌向养殖企业存在信息寻找的过程，能否找到消费者食用的猪肉来自哪家屠宰企业、养殖企业，是解决猪肉质量安全的关键。猪肉封闭供应链在一般意义供应链的基础上，强调信息的可溯性，强调正、反过程的可控性。

2. 强调制度规范性

我国猪肉质量不高与猪肉产业不合理有着密切关系：小规模养殖占主导，难以对生猪质量进行监督；屠宰企业数量多、规模小、设备跟不上，使病死猪肉轻易流向市场。而猪肉封闭供应链的核心在于将关键链条封闭，使之处于严格的可控状态。这就要求调整养殖企业、屠宰企业规模，设置可控因素，强化、刺激关键企业以提高猪肉质量。所以，猪肉封闭供应链的实施，在强调可控性的同时，更注重对各个节点企业制度层面的规范。

3. 强调消费者权益性

市场主体中，消费者是猪肉的直接食用者，是猪肉质量安全的第一实践评价人。封闭供应链将消费者融入其中，其目的是用消费者的需求、满意程度来引导封闭供应链的运行。猪肉封闭供应链注重帮助消费者鉴别猪肉质量、维护合法权益、查寻不安全猪肉来源。

目前，研究者主要从影响因素、消费者行为、政府监管、供应链等角度研究食品质量安全。对于猪肉而言，其质量安全涉及猪肉供应链各个节点企业，同时与政府监管、消费者行为也关系密切，这一点已经成为很多研究者的共识。在相关研究中，仍然存在一些不足。例如，猪肉质量安全涉及供应链节点企业、消费者、政府监管多个主体，目前尚未建立起一个完整的分析框架，针对猪肉供应链中的养殖企业、屠宰企业、零售企业，制约猪肉质量安全的瓶颈到底是什么？消费者对不同质量猪肉的态度如何？政府对哪个节点进行监管的效率最高？基于以上问题，本书进行了深入研究。

第二章

理论框架与消费者、政府监管进入供应链机理分析

根据前文对猪肉封闭供应链的界定，本章构建了包含生猪养殖环节、生猪屠宰环节、猪肉零售环节、消费者环节以及政府监管环节的理论框架。一般认为，猪肉供应链由养殖企业、屠宰企业和零售企业构成。实施供应链管理，构建由适度规模养猪场(户)、大中型生猪屠宰加工企业和超市为主要成员的优质猪肉供应链，是解决目前中国猪肉质量安全问题的有效途径(孙世民，2006)。本书构建的理论框架引入了消费者环节和政府监管环节。为了逻辑的严密性，本章将对消费者、政府监管进入供应链的机理进行证明。对于引入消费者对供应链的影响，采用经典豪泰林模型和扩展的豪泰林模型来证明。对于引入政府监管对供应链的影响，采用信号传递博弈模型来证明。

第一节　理论框架

猪肉封闭供应链的本质在于政府对每个环节的监管，所以政府如何对各环节进行控制，对哪个环节监管更有效率，就成了研究的重点问题。根据前文对猪肉封闭供应链的界定，构建理论框架(如图 2-1 所示)。理论框架包含了三层内容：其一，从猪肉封闭供应链的主体环节(生猪养殖环节、生猪屠宰环节和猪肉零售环节)入手，探讨对其质量控制的因素；其二，考察消费者对不同质量等级猪肉的态度，为政府和相关企业改善猪肉质量提供导向；其三，政府对整个链条进行有效控制，探讨如何监管更具有效率。

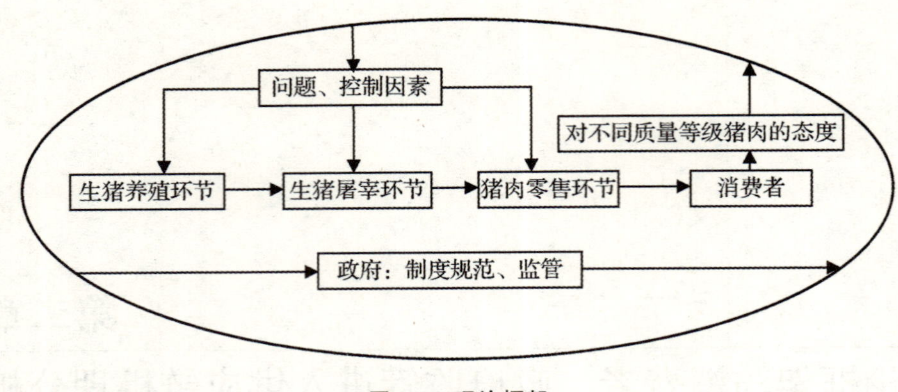

图 2-1　理论框架

第二节　消费者进入供应链机理分析

本部分借鉴焦志伦(2009)的相关研究，基于经典豪泰林模型和扩展的豪泰林模型，探讨在市场上仅存在一般猪肉和绿色猪肉两种类型的猪肉，同时消费者愿意为绿色猪肉多支付一定价格的前提下，消费者的消费倾向是否会给供应链企业带来影响。

1929 年，豪泰林(Hotelling)提出了经典豪泰林模型。该模型假定了两个企业的产品在质量属性上具有同质性，不过企业存在空间的不同。因此，消费者距企业的距离不一样，从而购买成本也就不一样，这样就造成了两个企业产品的差异性。

一、基于经典豪泰林模型分析

1. 经典豪泰林模型假设

①将猪肉供应链上的生猪养殖企业、生猪屠宰企业、猪肉零售企业等环节抽象成一个供应链企业，在市场上仅表现为一个零售节点，即零售企业(如农贸市场、超市、专卖店等)。零售企业直接与消费者发生博弈关系。

②假设博弈的参与人为两个零售企业 $k_i(i=1,2)$ 及消费者，这三类经济主体都是理性的。

③两个零售企业销售的猪肉没有属性、品牌的差异，唯一的差异来自零售企业所处的位置，即只有空间上的差异。

④零售企业和消费者所在的城市是一个长度为 1 的线性城市，消费者均匀

地分布在[0，1]区间里，分布密度为1。两个零售企业分别位于城市的两端，即其中一个在 $x=0$ 处，另一个在 $x=1$ 处。消费者住在这个区间的 x 处(如图2-2所示)。

⑤因为两个产品的质量属性是一样的，所以消费者只关心所付出的总支出，包括猪肉的价格以及购买成本(运输成本、时间成本)。因此，消费者距企业的距离越远，消费者所花费的总支出就越多；消费者距企业的距离越近，所花费的总支出就相对较少。假设消费者单位距离的购买成本为 t 。

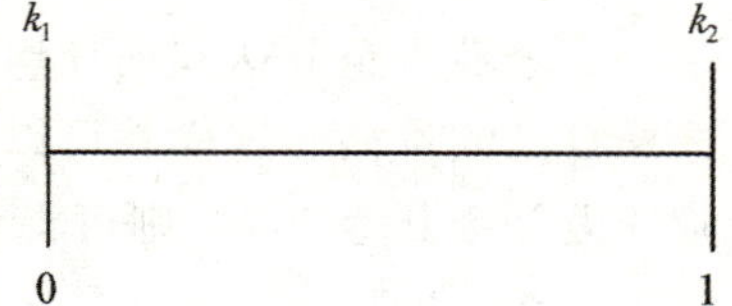

图2-2 猪肉供应链豪泰林博弈模型

⑥假设这两个企业生产猪肉的成本分别为 $c_i(i=1,2)$ ，因为质量属性相同，所以有 $c_1=c_2=c$ ；假设两个猪肉零售企业的销售价格为 $p_i(i=1,2)$ ；两个零售企业的猪肉销售量等于需求量，实现供需平衡。同时，假设每个消费者都具有单位需求，也就是说消费者可以消费0个单位猪肉，也可以消费1个单位猪肉。消费者能够得到的消费者剩余为 $\bar{s}$ 。

⑦方便起见，假设消费者剩余 $\bar{s}$ 足够大，即 $\bar{s}>p_1+tx$ ，消费者都愿意购买1单位的猪肉。

2. 经典豪泰林模型的纳什均衡

根据模型的假设条件，住在 x 的消费者在 k_1 购买猪肉的采购费用是 tx ，在 k_2 购买同种猪肉的采购费用是 $t(1-x)$ 。根据经典豪泰林模型，若住在 x 的消费者在两个零售企业之间购买猪肉是无差异的，则在 x 左边的所有消费者都在 k_1 购买，而在 x 右边的消费者都在 k_2 购买，因此，对两个零售企业的需求量分别为 $D_1=x$ 和 $D_2=1-x$ ，且 x 满足：

$$p_1+tx=p_2+t(1-x)\text{。} \tag{1}$$

从而得到 x 为：

$$x=\frac{p_2-p_1+t}{2t}\text{。} \tag{2}$$

因此，对两个零售企业的需求可得，分别为：

$$D_1=x=\frac{p_2-p_1+t}{2t},D_2=1-x=\frac{p_1-p_2+t}{2t}\text{。} \tag{3}$$

追求最大化利润的理性厂商，其总利润为总收益减去总成本。其中总收益是价格和需求量的乘积，而总成本是单位成本乘以总需求量。在(3)式的基础上，两个零售企业的利润可计算如下：

$$\pi_1(p_1,p_2)=(p_1-c)D_1(p_1,p_2)=\frac{1}{2t}(p_1-c)(p_2-p_1+t)。\tag{4}$$

$$\pi_2(p_1,p_2)=(p_2-c)D_2(p_1,p_2)=\frac{1}{2t}(p_2-c)(p_1-p_2+t)。\tag{5}$$

两个零售企业达到纳什均衡的前提在于：需要给定对方的销售价格，从而选择自己的价格。这样就可以计算自己的最大利润。分别对(4)式和(5)式求一阶导数并令其等于0，则可得到两个零售企业利润最大化的条件分别为：

$$\frac{d\pi_1}{dp_1}=\frac{1}{2t}(p_2-2p_1+t+c)=0，\tag{6}$$

$$\frac{d\pi_2}{dp_2}=\frac{1}{2t}(p_1-2p_2+t+c)=0。\tag{7}$$

对(6)式和(7)式求一阶导数，$\frac{d^2\pi_1}{dp_1^2}=-\frac{1}{t}<0$，$\frac{d^2\pi_2}{dp_2^2}=-\frac{1}{t}<0$，可见纳什均衡存在(存在企业利润最大值)。所以，对(6)式和(7)式联合求解，分别得到两个零售企业博弈的纳什均衡：

$$p_1^*=p_2^*=t+c。\tag{8}$$

此时的均衡利润为：

$$\pi_1^*=\pi_2^*=\frac{t}{2}。\tag{9}$$

3. 经典豪泰林模型结论分析

通过对质量相同、价格不同、购买成本不同的情况进行分析，可以得到以下几个结论。

第一，两个零售企业的猪肉差价和消费者的购买成本，决定了消费者对猪肉的购买量。在其他条件一定的情况下，到 k_1 的采购成本 t 越高，则 x 就越小，k_1 的覆盖范围越小，其需求量也越低，而其竞争对手 k_2 在城市中的覆盖范围就越大，其需求量也越高。

第二，两个零售企业的猪肉差价越高，即 p_1-p_2 越大，$p_1>p_2$，则 x 越小，则 k_1 在城市中的覆盖范围越小，需求量也越低。也就是说，两个零售企业的销售量受到自身价格选择的影响，价格高的零售企业销售量低，在城市的覆盖范围就越小。

第三，(8)式和(9)式表明，产品的差异性在于对猪肉的单位采购成本。也就是说，运输成本和时间成本增加，均衡价格、均衡利润都会增加。如果采购成本不断增高，那么两个零售企业猪肉的可替代性就变差，这时距离消费者最近的企业就具有较大的垄断力量。相反，如果采购成本为零，两个企业的猪肉就没有了差异，变成了完全可替代，这种情形和完全竞争市场类似。

第四，将(8)式代入(2)式可得 $x = \frac{1}{2}$ ，即线性城市中点处的消费者在两个零售企业之间购买猪肉是无差异的。这说明在消费者除价格外只关心采购费用的情况下，两个零售企业中点左边的消费者会去 k_1 购买猪肉，中点右边的消费者会去 k_2 购买猪肉。

二、基于扩展的豪泰林模型分析

经典豪泰林模型对于产品差异的研究仅限于空间分布的差异，没有考虑产品质量等级问题。本书为经典豪泰林模型加入了产品质量等级因素。

1. 扩展的豪泰林模型假设

这里变更经典豪泰林模型的假设⑤，消费者不仅仅关心购买猪肉的总支出，同时还关心猪肉的质量等级，并存在质量等级支付意愿。质量等级用普通猪肉和绿色猪肉来标识。假设消费者愿意为每单位绿色猪肉多支付 λ ，而对于普通猪肉，消费者并不愿意付出任何额外费用。同时，假设在两个零售企业中，k_1 销售绿色猪肉，k_2 销售普通猪肉。模型其他假设不变。

2. 扩展的豪泰林模型的纳什均衡

根据经典的豪泰林模型，若住在 x 的消费者在两个零售企业之间购买猪肉是无差异的，则两个零售企业的需求量分别为 $D_1 = x$ 和 $D_2 = 1 - x$ 。如果存在差异，考虑到消费者愿意多支付 λ 购买 k_1 的绿色猪肉，所以 x 满足：

$$p_1 - \lambda + tx = p_2 + t(1 - x) 。 \tag{10}$$

从而得到 x 为：

$$x = \frac{p_2 - p_1 + \lambda + t}{2t} 。 \tag{11}$$

因此，在消费者存在支付意愿时，消费者对两个零售企业的需求产生了变化，分别为：

$$D_1 = x = \frac{p_2 - p_1 + \lambda + t}{2t}, D_2 = 1 - x = \frac{p_1 - p_2 - \lambda + t}{2t}。 \tag{12}$$

两个零售企业的总利润等于总收益减去总成本。所以，两个零售企业的利润分别变为：

$$\pi_1(p_1, p_2) = (p_1 - c)D_1(p_1, p_2) = \frac{1}{2t}(p_1 - c)(p_2 - p_1 + \lambda + t), \tag{13}$$

$$\pi_2(p_1, p_2) = (p_2 - c)D_2(p_1, p_2) = \frac{1}{2t}(p_2 - c)(p_1 - p_2 - \lambda + t)。 \tag{14}$$

根据纳什均衡的条件，对(13)式和(14)式分别求一阶导数并令其等于0，分别变为：

$$\frac{d\pi_1}{dp_1}=\frac{1}{2t}(p_2-2p_1+\lambda+t+c)=0\ ， \tag{15}$$

$$\frac{d\pi_2}{dp_2}=\frac{1}{2t}(p_1-2p_2-\lambda+t+c)=0\ 。 \tag{16}$$

显然二阶导数小于零，存在最大值。解(15)和(16)方程组，可得两个零售企业博弈的纳什均衡：

$$p_1^*=t+c+\frac{\lambda}{3}\ ， \tag{17}$$

$$p_2^*=t+c-\frac{\lambda}{3}\ 。 \tag{18}$$

将(17)式和(18)式分别代入(13)式和(14)式，得到此时的均衡利润：

$$\pi_1^*=\frac{1}{2t}\left(t+\frac{\lambda}{3}\right)^2\ ， \tag{19}$$

$$\pi_2^*=\frac{1}{2t}\left(t-\frac{\lambda}{3}\right)^2\ 。 \tag{20}$$

3. 扩展的豪泰林模型结论分析

当两个零售企业的猪肉质量不同、消费者愿意为每单位绿色猪肉多支付λ时，可以得到以下几个结论。

第一，比较(12)式和(3)式可以发现，当消费者愿意为每单位绿色猪肉多支付λ时，k_1的绿色猪肉销售量增加了$\frac{\lambda}{2t}$，k_2的普通猪肉销售量减少了$\frac{\lambda}{2t}$。k_1和k_2销售量的变化，取决于消费者对绿色猪肉的支付意愿λ与采购成本t的比值。

第二，通过(12)式还可以发现，对于销售绿色猪肉的k_1而言，$p_2-p_1+\lambda$越大，则k_1的销售量x也就越大，k_1的市场覆盖范围也就越大。所以，销售绿色猪肉的零售企业的销售量主要受到两个方面的影响：猪肉差价（p_2-p_1）和消费者的支付意愿λ。

第三，通过(17)式至(20)式可知：均衡价格受到消费者采购成本、生产成本以及消费者的支付意愿三个因素的影响；均衡利润受到消费者采购成本以及消费者的支付意愿的影响。所以，消费者对绿色猪肉的支付意愿λ对k_1起到了一定的支持作用，提高了k_1的垄断性。

第四，从(17)式至(20)式和之前的(8)式、(9)式还可以看出，当消费者存在猪肉质量等级支付意愿 λ 时，k_1 的猪肉价格比之前提高了 $\frac{\lambda}{3}$，k_2 的猪肉价格则比之前降低了 $\frac{\lambda}{3}$。k_1 的均衡利润比消费者不关心猪肉质量等级时增加了，k_2 的均衡利润比消费者不关心猪肉质量等级时减少了。

第五，将(17)式和(18)式代入(11)式可得：

$$x = \frac{1}{2} + \frac{\lambda}{6t}。 \tag{21}$$

消费者在两个零售企业之间购买猪肉的无差异点向 k_2 移动了 $\frac{\lambda}{6t}$，这说明城市中更多的消费者倾向于从 k_1 购买猪肉，即使这样会多付出运输和时间成本，销售绿色猪肉的 k_1，在城市的空间覆盖范围增加。所以，可以得出结论：消费者对猪肉的质量等级支付意愿，对猪肉供应链企业的销售量具有影响。

第三节　政府监管进入供应链机理分析

很多研究者对政府监管与食品质量安全之间的关系进行了研究。葛娟和李丽(2014)认为，企业社会责任需要借助第三方规制来体现(类似网络购物的第三方支付平台)，政府应该以强制的态度嵌于其中，只有企业、第三方规制、政府三者有机结合，才能从体制上消除食品质量安全问题，才能提高食品流通效率。王中亮(2009)定性地提出解决食品安全问题必须把强化企业社会责任意识与社会舆论监督以及增强制度约束力度并重。胡泽平(2010)认为食品企业社会责任意识缺失、政府监管体制庞杂、消费者监督乏力等造成了国家食品安全控制系统能力的欠缺，认为应该搭建由企业诚信体制、法律体系、政府监管体系、消费者反馈平台构成的系统食品流通模式，以保证食品质量安全。从目前的研究来看，研究者侧重从定性的角度探讨政府监管对食品质量安全的影响，缺少从定量的角度进行理论推导。

本节借鉴焦志伦(2009)相关研究，基于信号传递博弈理论，阐明政府监管进入猪肉供应链的机理。也就是说，通过分析生产不同质量猪肉企业之间的不同博弈均衡状态，证明引入政府监管才能保障分离均衡的产生，从而保障猪肉质量安全。

一、信号传递博弈模型的假设和博弈过程

1. 信号传递博弈模型假设

①信息不对称假设。猪肉供应链节点包括养殖企业、屠宰企业、零售企业和消费者等。信息的不对称表现在有业务往来关系的节点企业之间。为了论述方便，将有业务往来关系的节点企业统称为厂商和顾客。假设猪肉供应链中厂商对自己猪肉质量水平具有完全信息，而顾客对猪肉质量信息掌握不完全。

②动态博弈假设。假设两类猪肉厂商与顾客之间的行动顺序符合动态博弈的特点。

③供应链环节抽象假设。假设有两个博弈方，猪肉厂商为先行者，顾客为追随者。先行者有两种信号选择，追随者有两个行动策略，即 $T=\{t_1,t_2\}$，$M=\{m_1,m_2\}$，$A=\{a_1,a_2\}$。厂商为信号发送者，顾客为信号接收者。顾客采用较高的价格购买绿色猪肉得到的效用，与顾客使用较低的价格购买普通猪肉得到的效用相等。

④博弈主体假设。假设参与博弈的双方为生产不同类型猪肉的厂商和顾客，政府仅通过政策约束来改变博弈环境，而不作为参与者。政府通过控制厂商发出信号的可信度，来影响猪肉厂商和顾客之间的行为。

⑤信号成本假设。厂商为了使自己发出的信号令顾客信任，需要支付一定的成本，如取得绿色认证所付出的成本。

2. 信号传递博弈模型博弈过程

两个类型的猪肉厂商和顾客的博弈过程如下。

n 决定猪肉厂商的类型 $t_n(n=1,2)$，即从类型集合 $T=\{t_1,t_2\}$ 中以概率 $p(t_1)$ 决定厂商是生产绿色猪肉，以概率 $p(t_2)$ 决定厂商是生产普通猪肉，$p(t_1)+p(t_2)=1$。

拥有 t_n 类型的厂商在信号集合 M 中选择自己发出的信号，这个信号集合包括两种信号，一是自己生产的是绿色猪肉，即自己是 t_1 类型的厂商，二是自己生产的是普通猪肉，即自己是 t_2 类型的厂商，绿色猪肉的销售价格为 p_1，普通猪肉的销售价格为 p_2；

顾客从获得的信号中修正自己的判断，得到后验概率，然后从行动集合 $A=\{a_1,a_2\}$ 中选择自己的行动，即买还是不买。

猪肉厂商的支付函数为：

$$u_1=\{t_1,m_j,a_i\}。 \tag{1}$$

顾客的支付函数为：

$$u=\{t_n,m_j,a_i\}\text{。}\tag{2}$$

信号发送成本的影响也进入支付函数，因为厂商发送绿色猪肉信号时需要通过政府的相关认证以使信号具有可信度，生产绿色猪肉厂商的成本如下：

$$R_1=\delta+qs(t_1)\text{。}\tag{3}$$

生产普通猪肉厂商的成本如下：

$$R_2=qs(t_2)\text{。}\tag{4}$$

其中，δ 是厂商为了获取、发送质量认证信号所支付的固定成本。$s(t_n)$ 是厂商为了保持猪肉质量而在单位猪肉上支付的可变投资成本。$s(t_n)$ 的大小与厂商类型有关，t_1 类型的厂商为了维持其高质量需要投入诸如检测程序等的成本，所以有 $s(t_1)>s(t_2)$。q 为猪肉生产规模。

综合上述因素，厂商的收益函数为：

$$u_{1n}=qp_n-R_n\text{。}\tag{5}$$

其中，u_{1n} 为第 n 类厂商的收益函数，q 为猪肉生产规模，p_n 为第 n 类猪肉销售价格，R_n 为第 n 类厂商的成本。

二、信号传递博弈模型均衡及其产生条件

信号传递博弈有三种结果，分离均衡，合并均衡和杂合均衡。下面，基于信号传递博弈的三种结果，对生产绿色猪肉厂商、生产普通猪肉厂商和客户之间的关系进行分析。

1. 分离均衡及其发生条件分析

市场上有两个厂商，一个生产绿色猪肉，一个生产普通猪肉，当生产绿色猪肉的厂商声称自己销售绿色猪肉、生产普通猪肉的厂商声称自己销售普通猪肉时，就实现了分离均衡。在这样的情境下，市场上传递的信号完全真实可靠，猪肉厂商与顾客之间就产生了分离均衡的完美贝叶斯纳什均衡。因为厂商是利益最大化的主体，产生分离均衡的完美贝叶斯纳什均衡的前提是发送真实信号的收益高于发送虚假信号的收益。

对于 t_1 类型的厂商，本身产品质量高，其信号发送成本均为 R_1，只要顾客接受优质优价，使 $qp_1-R_1>qp_2-R_1$，即

$$p_1>p_2\text{。}\tag{6}$$

p_1 表示绿色猪肉销售价格，p_2 表示普通猪肉销售价格。(6)式表明，只要市场上的绿色猪肉价格高于普通猪肉价格，t_1 类型的厂商就会选择发送信号

m_1，声称自己销售绿色猪肉。

对于 t_2 类型的厂商，只要满足 $qp_2 - R_2 > qp_1 - R_1$ ，即

$$p_1 - p_2 < \frac{R_1 - R_2}{q} 。 \tag{7}$$

也就是说，绿色猪肉价格与普通猪肉价格的差额小于生产绿色猪肉的厂商与生产普通猪肉的厂商的信号平均成本时，生产普通猪肉的厂商就会声明自己销售普通猪肉，发送真实信号。对于顾客而言，可以毫不费力地根据市场信号来做出自己的理性决策，即

$$p(t_n \mid t_m) = \begin{cases} 0, t_n \neq t_m, \\ 1, t_n = t_m 。 \end{cases} \tag{8}$$

也就是说，客户看到绿色猪肉信号时，会以概率 1 高价 p_1 购买；客户看到普通猪肉信号时，也会以概率 1 低价 p_2 购买。

由此可见，产生分离均衡的完美贝叶斯纳什均衡的条件是由(6)式、(7)式和(8)式组成的不同类型厂商和客户的行动条件集合。满足这三个条件，可以使猪肉供应链达到分离均衡的理想状态。在这种状态，顾客能够轻松地辨别猪肉质量水平，可以根据自身偏好选择相应猪肉，所以市场交易成本最低，最有效率。

2. 合并均衡及其发生条件分析

市场上存在生产绿色猪肉的 t_1 类型的厂商和生产普通猪肉的 t_2 类型的厂商。当 t_1 类型的厂商和 t_2 类型的厂商都声称自己销售绿色猪肉时，合并均衡就发生了。发生合并均衡的条件是：对于发出虚假信号的 t_2 类型的厂商来说，它发出虚假信号带来的收益大于发出真实信号所带来的收益。

对于 t_1 类型的厂商而言，只要满足(6)式的条件，就会发出真实信号，声明自己销售绿色猪肉。对于 t_2 类型的厂商而言，发出虚假信号的条件为：

$$p_1 - p_2 > \frac{R_1 - R_2}{q} 。 \tag{9}$$

即只要满足(9)式，市场上所出现的声音便都是绿色猪肉，合并均衡就发生了。对于顾客而言，会做出如下的决定：

$$p(t_1 \mid m_1) = p(t_1), p(t_2 \mid m_1) = p(t_2) 。 \tag{10}$$

m_1 表示顾客所听到的信号，即市场上的绿色猪肉信号。客户在听到 m_1 后，会做出两种判断：认为是真的绿色猪肉，认为是虚假的绿色猪肉。这两种判断的概率分别为 t_1 和 t_2 的数量概率。

所以，通过企业的声明和顾客的决定，理性消费者会做出这样的决策：当市场上的厂商声明自己销售绿色猪肉时，顾客以概率 $p(t_1)$ 选择高价购买，以

概率 $p(t_2)$ 选择低价购买。

(6)式、(9)式和(10)式就是合并均衡的实现条件。可以发现：生产普通猪肉的 t_2 类型的厂商虚假声明自己销售绿色猪肉，其原因可能是承担的风险较小，结果不仅使得生产绿色猪肉的 t_1 类型的厂商受到损害，而且使顾客也受到了损害。

3. 杂合均衡及其发生条件分析

市场上存在生产绿色猪肉的 t_1 类型的厂商和生产普通猪肉的 t_2 类型的厂商，t_1 类型的厂商声明自己销售绿色猪肉，而 t_2 类型的厂商，以概率 w 声明自己销售绿色猪肉，以概率 $(1-w)$ 声明自己销售普通猪肉。此时，杂合均衡就发生了。

对于生产绿色猪肉的 t_1 类型的厂商而言，只要满足(6)式，就会发出真实信号，声称自己销售绿色猪肉了。对于生产普通猪肉的 t_2 类型的厂商而言，其发出的信号或者是真实的，或者是虚假的，但必须使厂商在声明任意类型时的收益相等。也就是要满足：

$$p_1 - p_2 = \frac{R_1 - R_2}{q}\text{。} \tag{11}$$

依据贝叶斯法则，顾客的判断为：

$$p(t_2 \mid m_1) = \frac{p(t_2)p(m_1 \mid t_2)}{p(t_1)p(m_1 \mid t_1) + p(t_2)p(m_1 \mid t_2)} = \frac{wp(t_2)}{p(t_1) + wp(t_2)}, \tag{12}$$

$$p(t_1 \mid m_1) = 1 - p(t_2 \mid m_1) = \frac{p(t_1)}{p(t_1) + wp(t_2)}\text{。} \tag{13}$$

在这样的情况下，理性顾客的决策行为是：当市场上厂商声明自己销售绿色猪肉时，客户以概率 $\frac{p(t_1)}{p(t_1) + wp(t_2)}$ 选择高价购买，以概率 $\frac{wp(t_2)}{p(t_1) + wp(t_2)}$ 选择低价购买；当市场上厂商声明自己销售普通猪肉时，顾客以概率 1 选择低价购买。

(6)式、(11)式、(12)式和(13)式构成了杂合均衡实现的条件。在杂合均衡条件下，生产普通猪肉的厂商按照一定概率发出虚假信号(或者说，有一部分生产普通猪肉的厂商发出虚假信号)，同样会发生逆向选择，损害顾客、生产绿色猪肉的厂商的利益。

三、信号传递博弈模型结论分析

综合分析信号传递博弈模型的各种均衡结果，可以看出合并均衡和杂合均衡都会促使猪肉质量安全程度降低。而在分离均衡中，顾客根据市场信号进行选择，不会受到损害，会以高价购买绿色猪肉，以低价购买普通猪肉。所以，分离均衡对于竞争企业、顾客都具有良好的效果。那么，如何实现分离均衡呢？

从分离均衡实现的条件 $p_1 - p_2 < \frac{R_1 - R_2}{q}$ 上看，可以有两种思路。其一，可以通过缩小绿色猪肉和普通猪肉之间的差价来实现；其二，可以通过提高绿色猪肉和普通猪肉的单位成本来实现。将不等式进行简单变形，可得：

$$K = p_1 - p_2 < \frac{R_1 - R_2}{q} = \frac{\delta}{q} + (s_1 - s_2) = L。 \tag{14}$$

其中，δ 为生产绿色猪肉厂商比生产普通猪肉厂商多付出的一次性成本，s_1 和 s_2 分别为生产绿色猪肉厂商和生产普通猪肉厂商的单位成本。分离均衡实现的条件就是：$K < L$ 。

从绿色猪肉与普通猪肉的差价 K 的角度来说，K 缩小的范围是有限的。随着生产绿色猪肉、普通猪肉厂商的不断竞争，规模化程度的不断提高，两种类型猪肉的价格都会降低，差价也会趋于平衡，所以缩小 K 是有一定限度的。

从 L 的角度来说，L 可以分为两个部分：平均固定成本和平均可变成本。其中，平均可变成本主要包括饲料、加工、人工费用等。生产绿色猪肉厂商为了保障猪肉的质量，其平均可变成本要高于普通猪肉的平均可变成本。但是，既然是作为成本，生产绿色猪肉厂商一定会在保障质量的前提下千方百计地降低，所以平均可变成本的差额也会限定在一定的范围内，通过增加 $(s_1 - s_2)$ 的做法效果同样有限。

$\frac{\delta}{q}$ 是生产绿色猪肉厂商为了取得认证而一次性支出的平均固定成本，一般用在标准化设施等项目建设上。如果政府强制提高 $\frac{\delta}{q}$ ，以至于形成一种类似进入壁垒的效应，就能够有效地将生产绿色猪肉厂商和生产普通猪肉厂商区别开来，有效实现分离均衡。如果政府强制执行监管制度，就会抬高绿色猪肉信号的进入壁垒，从而降低了生产普通猪肉厂商发送虚假信号的可能性。所以，通过市场监管制度的构建和完善，形成较大的平均可变成本差，实现分离均衡，是实现猪肉质量安全的可行方案之一。政府监管可以提高、保障猪肉质量。

综上所述，本章构建了基于封闭供应链的猪肉质量安全控制理论框架，为本书提供了清晰的思路。同时，为了逻辑的严密性，本章对消费者、政府监管进入供应链的机理进行了证明。基于经典豪泰林模型，考虑了产品仅存在空间分布差异的情况，得出了消费者对两个零售企业猪肉的选择没有差异的结论；引入猪肉质量差异后，对经典豪泰林模型进行了扩展，发现在愿意为质量高的猪肉付出一定多余成本的前提下，消费者更倾向于购买质量高的猪肉。所以，消费者对猪肉的质量等级支付意愿，对猪肉供应链企业的销售量具有影响，即消费者进入猪肉供应链具有一定的合理性。基于信号传递博弈理论，阐明了两个不同质量猪肉厂商的分离均衡、合并均衡和杂合均衡的发生条件，对比得出：合并均衡和杂合均衡都会促使猪肉质量安全程度降低；而在分离均衡中，市场上的猪肉质量安全程度最高。同时，也证明了政府监管是分离均衡条件产生的保障。

第三章

基于封闭供应链视角的各节点质量控制概况

第二章构建的基于封闭供应链的猪肉质量安全控制理论框架包含五个主体，即生猪养殖环节、生猪屠宰环节、猪肉零售环节、消费者环节和政府监管环节。本章将对这五个环节的概况进行描述，为探讨猪肉质量安全奠定理论基础。

第一节　生猪养殖环节的质量控制

生猪养殖是一个多要素、多活动密切配合的过程，主要包括日粮配制与供给、饲喂设施配备与维护、疫病防治、养殖档案(含耳标)建设与管理、动物福利条件建设与改善、养殖健康检查与维护、废弃物无害化处理与生物安全控制等活动。生猪养殖环节的功能主要是使仔猪不断长大、增重，达到适宜屠宰的水平。在本书的研究中，生猪养殖环节是猪肉封闭供应链的开端。

一、我国整体生猪养殖数量

从生猪养殖数量上来看，我国近十年的出栏量①和生猪存栏量②一直保持着较高的水平。2011 年我国生猪出栏量、存栏量分别为 66170 万头和 46767 万头(其中，年底母猪存栏量为 4929 万头)，与 2001 年相比，分别增加 20.45%和 2.24%。2001—2011 年，我国生猪出栏量平均为 62018.83 万头，

① 出栏量是指年内出栏育肥猪的数量。

② 存栏量是指生猪年底的数量。

变异系数为 356.22；存栏量平均为 47009.52 万头，变异系数为 65.18。由图 3-1 也可看出，我国生猪存栏量近 11 年一直保持比较稳定的状态。

不过 2007 年我国生猪产业出现了低谷。当时我国的状态大部分地区爆发蓝耳病，导致我国生猪存栏量锐减。2008 年，在国家政策和资金的支持下，我国生猪产业重新复苏。

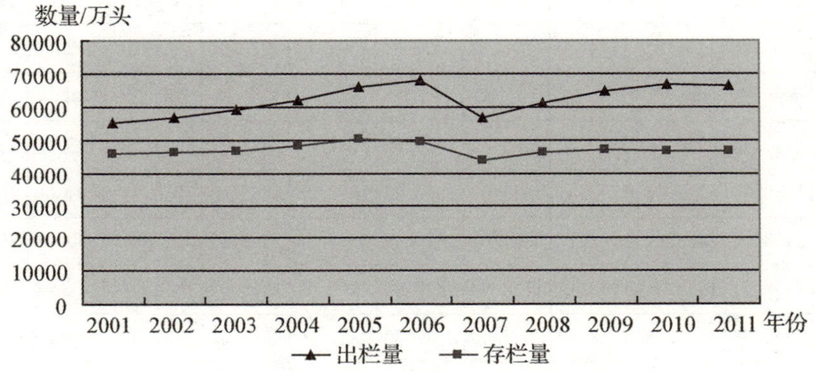

图 3-1　2001—2011 年我国生猪出栏量和存栏量

二、各地区生猪养殖数量(数据不包括港、澳、台地区)

我国幅员辽阔，生猪养殖遍布各地区，生猪生产区域化布局明显。我国各地区生猪出栏量、存栏量如表 3-1、表 3-2 所示。可以看出，按照 2001—2010 年出栏量排名，排名前十位的分别是四川、湖南、河南、山东、河北、广东、湖北、江苏、广西、云南，前十地生猪出栏量占全国 2001—2010 年出栏量的 65.03%。按照 2001—2010 年存栏量排名，排名前十位的分别是四川、河南、湖南、山东、广西、云南、河北、湖北、广东、江苏，前十地生猪存栏量占全国 2001—2010 年存栏量的 65.08%。同时，也可以看出，宁夏、青海、西藏三地的生猪出栏量、存栏量较低，三地十年出栏量占全国十年出栏量的 0.44%，存栏量仅占 0.51%。

表 3-1　2001—2010 年各地区生猪出栏量(万头)

	2001 年	2002 年	2003 年	2004 年	2005 年	2006 年	2007 年	2008 年	2009 年	2010 年
北京	453.10	483.18	466.97	460.52	448.72	382.82	288.56	292.69	314.04	311.84
天津	306.20	362.36	412.94	446.61	481.45	503.16	262.08	301.12	328.93	358.20
河北	3470.05	3541.06	3875.10	4160.14	4510.58	4711.66	2964.20	3230.78	3332.87	3222.89
山西	575.42	592.03	610.24	610.52	627.12	668.64	568.20	584.70	663.40	683.97

续表

	2001年	2002年	2003年	2004年	2005年	2006年	2007年	2008年	2009年	2010年
内蒙古	878.00	838.46	791.91	875.84	957.72	1054.28	775.87	833.12	883.01	913.92
辽宁	1397.30	1539.80	1712.80	2102.16	2301.86	2324.88	2265.44	2493.00	2597.00	2682.70
吉林	1197.75	1008.56	1127.08	1159.09	1272.38	1343.70	1172.05	1271.80	1374.82	1454.56
黑龙江	1006.70	1131.31	1174.20	1295.53	1392.24	1409.79	1233.00	1344.00	1512.60	1601.84
上海	480.00	450.00	410.00	106.53	280.00	252.70	205.09	258.22	269.74	265.98
江苏	2919.45	2955.71	3009.06	2988.63	2974.88	2977.32	2431.11	2604.30	2748.10	2847.03
浙江	1669.30	1719.15	1792.01	1893.08	1867.07	1899.38	1658.86	1888.98	1894.00	1922.22
安徽	2408.04	2453.87	2557.17	2531.31	2629.49	2667.33	2363.10	2527.35	2680.21	2782.06
福建	1438.01	1488.34	1603.13	1725.90	1878.99	1909.64	1645.94	1840.13	1922.93	1963.31
江西	1998.25	1957.03	1858.80	2051.05	2237.80	2347.50	2381.50	2536.90	2714.19	2847.18
山东	3594.69	3803.18	4016.16	4330.24	4585.69	4641.63	3654.04	3916.74	4155.66	4301.11
河南	4218.99	4498.00	4850.00	5189.00	5568.00	5957.76	4488.80	4847.90	5143.62	5390.52
湖北	2506.00	2751.98	3000.70	3126.15	3428.40	3419.50	3131.20	3498.30	3735.49	3827.38
湖南	5540.50	5653.10	5905.80	6088.69	6176.33	6242.37	4816.70	5153.10	5508.66	5723.50
广东	3052.20	3162.15	3269.71	3308.95	3616.74	3634.82	3213.88	3467.78	3600.95	3732.02
广西	2768.40	2656.54	2555.14	2462.45	2831.87	3010.30	2767.25	2935.00	3119.91	3230.04
海南	259.18	273.24	346.27	392.78	427.49	478.14	401.68	445.24	482.45	505.66
重庆	1702.32	1748.96	1818.39	1900.22	1993.33	1968.30	1783.21	1898.67	2003.10	2010.51
四川	5964.00	6202.56	6236.87	6489.80	7105.02	7471.41	6010.70	6431.45	6915.49	7178.28
贵州	1223.89	1285.00	1398.15	1328.21	1453.64	1526.36	1445.40	1561.07	1596.10	1688.67
云南	2135.87	2259.86	2384.54	2585.92	2733.58	2902.51	2536.10	2701.73	2824.50	2961.77
西藏	12.70	14.40	13.94	15.26	18.85	18.31	15.34	14.59	14.69	14.96
陕西	758.73	770.10	816.40	932.40	930.40	902.90	992.20	1034.78	1063.60	1111.46
甘肃	613.94	639.01	675.87	669.42	700.12	744.98	594.30	596.08	622.34	638.77
青海	101.42	104.55	105.35	114.45	121.75	128.44	105.25	123.58	134.78	131.38

续表

	2001 年	2002 年	2003 年	2004 年	2005 年	2006 年	2007 年	2008 年	2009 年	2010 年
宁夏	120.20	138.20	165.09	155.66	163.08	159.01	115.30	118.00	127.20	119.98
新疆	166.08	202.30	240.70	304.19	384.00	390.82	221.93	265.52	254.23	262.72
合计	54936.68	56683.99	59200.49	61800.70	66098.59	68050.36	56508.28	61016.62	64538.61	66686.43

数据来源：《中国农业年鉴》。

表 3-2　2001—2010 年各地区生猪年底存栏量(万头)

	2001 年	2002 年	2003 年	2004 年	2005 年	2006 年	2007 年	2008 年	2009 年	2010 年
北京	248.20	277.83	248.50	243.24	218.78	184.35	168.18	179.82	186.57	183.21
天津	182.90	269.94	245.09	252.42	255.45	262.45	147.95	180.26	180.96	186.93
河北	2592.50	2614.28	2763.41	2945.91	3064.39	3006.39	1907.05	2015.17	1968.04	1846.03
山西	475.50	472.74	462.53	452.73	463.28	479.31	422.19	452.20	498.78	474.84
内蒙古	765.40	681.82	647.73	711.22	738.65	750.41	636.37	644.39	683.70	684.38
辽宁	1291.80	1281.80	1275.42	1364.84	1453.55	1560.67	1429.44	1584.00	1606.18	1567.63
吉林	889.60	474.48	523.89	568.04	615.19	647.20	1084.77	976.50	1007.75	986.59
黑龙江	971.20	1010.81	1046.22	1217.28	1316.83	1506.08	1217.20	1286.04	1356.70	1360.77
上海	239.50	216.13	195.00	50.75	156.00	127.74	122.93	162.52	175.16	171.87
江苏	2028.50	2011.70	1992.96	1910.78	1927.20	1826.96	1620.06	1716.23	1760.20	1728.52
浙江	1146.90	1139.17	1132.38	1125.27	1213.15	1120.30	1039.10	1161.85	1225.75	1248.43
安徽	1910.60	1995.37	2019.31	1968.96	2034.04	1498.00	1334.20	1432.43	1482.57	1442.54
福建	1119.90	1132.89	1180.81	1241.81	1330.11	1332.59	1294.62	1324.09	1315.79	1272.57
江西	1481.40	1369.92	1301.18	1441.45	1566.68	1510.93	1420.07	1508.70	1569.05	1540.65
山东	2769.40	2882.96	2975.21	3058.19	3238.69	2778.51	2656.51	2725.80	2753.06	2747.55
河南	3672.10	3800.00	3914.00	4232.00	4439.00	4678.71	4185.53	4462.00	4528.93	4547.05
湖北	1885.80	2107.63	2123.34	2190.04	2340.30	2453.70	2290.58	2462.40	2546.12	2476.10
湖南	3604.30	3908.50	4108.70	4343.43	4435.01	4379.84	3772.00	3915.30	4032.76	4044.86
广东	2138.80	2062.33	1961.05	1989.05	2143.50	2239.46	2275.09	2380.38	2392.28	2253.29
广西	3154.60	3029.29	2637.67	2670.99	3015.04	2612.51	2169.47	2307.00	2332.38	2344.04
海南	301.00	309.09	346.56	370.21	393.54	399.53	323.44	416.25	411.53	413.22
重庆	1636.40	1690.56	1719.56	1720.16	1756.28	1608.29	1422.92	1566.47	1604.07	1557.87

续表

	2001 年	2002 年	2003 年	2004 年	2005 年	2006 年	2007 年	2008 年	2009 年	2010 年
四川	5270.80	5376.22	5564.87	5627.31	5744.77	5757.00	5295.80	5325.80	5122.00	5157.85
贵州	1787.70	1869.07	1867.47	2033.14	1972.87	2195.61	1548.70	1587.47	1617.96	1616.34
云南	2518.60	2486.90	2554.13	2605.49	2601.71	2618.20	2457.60	2669.03	2736.17	2766.82
西藏	23.90	23.70	25.22	26.17	30.24	31.97	25.46	30.56	30.47	29.64
陕西	674.00	735.20	722.10	756.60	764.10	698.30	851.60	880.70	920.33	884.44
甘肃	596.00	625.05	630.15	641.01	650.15	708.59	561.97	564.81	568.91	567.20
青海	103.30	104.76	101.00	106.28	105.12	105.55	88.78	107.21	109.77	113.15
宁夏	110.60	126.22	125.05	117.63	122.71	117.72	82.64	89.00	91.70	73.70
新疆	151.90	205.10	191.17	206.67	228.49	243.88	137.22	176.95	180.42	171.96
合计	45743.10	46291.46	46601.68	48189.07	50334.82	49440.75	43989.44	46291.33	46996.06	46460.04

数据来源：《中国农业年鉴》。

三、规模养殖情况

从生猪养殖规模上来看，长期以来农户散养是我国生猪养殖的主要形式，但目前已发展成为散户养殖和规模养殖并存，并逐渐向规模养殖过渡的阶段。

生猪养殖主体主要包括生猪散养户、专业养殖户、养殖小区、规模养殖场等。按照经营规模划分，可分为散户养殖(或称为传统养殖、家庭养殖)和规模养殖两种。区分是否规模养殖，一般有两个标准：从出栏量角度来说，年平均出栏量 50 头以下为散户养殖，年平均出栏量 50～299 头为小规模养殖，年平均出栏量 300～1999 头为中规模养殖，年平均出栏量 2000 头及 2000 头以上为大规模养殖；从存栏量角度来说，50 头以下为散户养殖，50 头及 50 头以上为规模养殖。

我国仍然保留着传统农业的痕迹。大多数农户的生猪养殖数量一般不多，由几头到十几头不等。其中，52.8％的农户生猪养殖数量在 10 头以下。特别是在我国的东北、西部等地区，尤其明显。相比之下，我国东部、南部地区的农户生猪养殖正向规模化方向发展。

我国长期以来的散户养殖模式虽然不利于管理、保障猪肉质量，但却有着一定的成本优势。其一，我国农村劳动力资源充足，所以成本低廉，一些地区的劳动力成本甚至几乎为零。其二，小规模养殖成本低廉。在农村，修建猪舍是一件非常容易的事情；同时，农户的剩菜、剩饭、田间草料等，为养殖提供了廉价的饲料。所以，越是欠发达的地区，散户养殖的现象越是普遍。但散户养殖模式在疫病预防、质量管理等方面实力较弱，所以该模式正逐渐被规模养殖所取代。

近些年，随着疫病的频频发生，人们对猪肉质量安全越发关注，规模养殖受到各界的重视和支持。从2000年至2009年，我国不同规模养猪场的数量发生了一定的变化：规模（出栏量）在50～99头、100～499头、500～2999头、3000～9999头、1万～49999头以及5万头及以上的养猪场数量呈现明显增多的趋势；在相对数量上（不同规模养猪场占规模养猪场总数的比重），规模在50～99头的养猪场数量所占比重除2006年外，呈现下降趋势，由2000年的78.27%下降到2009年的65.16%，其他规模养猪场数量所占比重总体上呈现出不同程度的上升趋势（如表3-3所示）。随着不同规模养猪场数量的变化，不同规模养猪场生猪出栏量也呈现出一系列变化：总体上，规模（出栏量）在50～99头、100～499头、500～2999头、3000～9999头、1万～49999头以及5万头及以上的养猪场出栏量明显上升；在相对数量上（不同规模养猪场出栏量占规模养猪场出栏量的比重），规模在50～99头的养猪场所占比重呈现下降趋势，100～499头的养猪场所占比重呈现先上升再下降趋势，500～2999头的养猪场所占比重呈现上升趋势，其他规模的养猪场所占比重变化不明显（如表3-4、图3-2所示）。

表3-3　不同规模（出栏量）养猪场的数量（个）、比重

	50～99头	100～499头	500～2999头	3000～9999头	1万～49999头	5万头及以上	合计
2000年	685802	165462	21437	2867	669	13	876250
2002年	790307	212909	27495	3242	862	28	1034843
2004年	1056793	328811	46175	4162	1048	44	1437033
2006年	1581697	458184	60054	5690	1317	44	2106986
2008年	1623484	633791	148686	12916	2432	69	2421378
2009年	1653865	689739	175798	15459	3083	96	2538040
不同规模养猪场占规模养猪场总数的比重（%）							
2000年	78.2656	18.8830	2.4464	0.3272	0.0763	0.0015	100
2002年	76.3697	20.5740	2.6569	0.3133	0.0833	0.0027	100
2004年	73.5399	22.8812	3.2132	0.2896	0.0729	0.0031	100
2006年	75.0692	21.7459	2.8502	0.2701	0.0625	0.0021	100
2008年	67.0479	26.1748	6.1406	0.5334	0.1004	0.0028	100
2009年	65.1631	27.1760	6.9265	0.6091	0.1215	0.0038	100

数据来源：《中国畜牧业年鉴》。

表 3-4 不同规模(出栏量)养猪场的出栏量(万头)、比重

	50～99 头	100～499 头	500～2999 头	3000～9999 头	1 万～49999 头	5 万头及以上	合计
2000 年	4754.43	3688.80	2300.93	1627.80	1082.58	95.54	13550.08
2002 年	5363.74	5165.14	2936.32	1643.23	1283.88	205.84	16598.15
2004 年	7382.14	7502.24	4542.57	2061.53	1567.32	338.29	23394.09
2006 年	10565.82	10375.64	6066.56	2792.83	2045.56	333.96	32180.37
2008 年	11086.16	13498.77	13287.90	5888.53	3665.94	546.34	47973.64
2009 年	11394.69	14743.69	15523.94	7067.36	4570.54	730.75	54030.97
不同规模养猪场出栏量占规模养猪场出栏量的比重(%)							
2000 年	35.0878	27.2235	16.9809	12.0132	7.9895	0.7051	100
2002 年	32.3153	31.1188	17.6906	9.9001	7.7351	1.2401	100
2004 年	31.5556	32.0690	19.4176	8.8122	6.6996	1.4460	100
2006 年	32.8331	32.2421	18.8517	8.6787	6.3565	1.0378	100
2008 年	23.1089	28.1379	27.6983	12.2745	7.6416	1.1388	100
2009 年	21.0892	27.2875	28.7316	13.0802	8.4591	1.3525	100

数据来源：《中国畜牧业年鉴》。

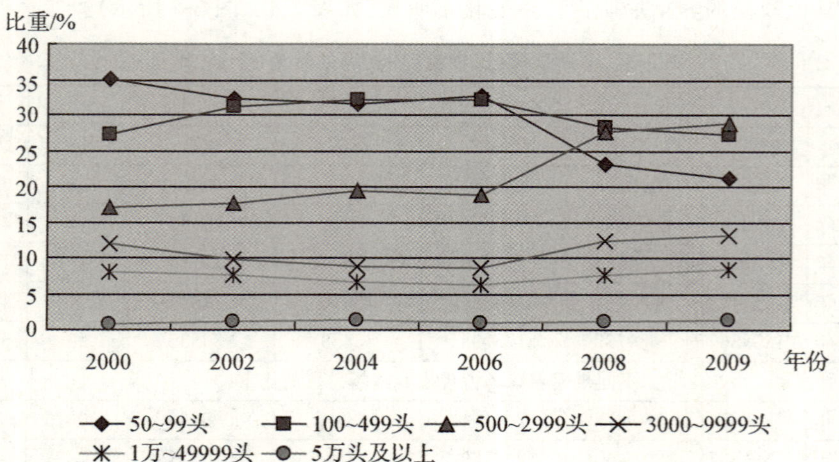

图 3-2 不同规模养猪场出栏量占规模养猪场出栏量的比重

生猪规模养殖模式具有如下优点：第一，有利于实施疫病的预防、控制，降低单位生猪的疫病防治成本；第二，有利于形成规模效应，合理利用资源；第三，有利于政府对养殖企业质量控制，为社会提供相对安全的生猪；第四，

有利于提高我国畜产品的国际竞争力(冯永辉，2006)。

四、猪肉产量情况

从猪肉产量角度来看，除 2007 年由于全国大范围暴发蓝耳病，使得猪肉产量锐减，我国猪肉产量总体呈现上升趋势。与其他肉类相比，猪肉产量一直在肉类总产量中占较大比重。2001—2010 年，猪肉产量一直占肉类总产量的 62%以上，最多时占 66.36%；十年间，猪肉产量一直占猪、牛、羊肉总产量的 81%以上，最多时占 83.85%(如表 3-5、图 3-3、图 3-4 所示)。

表 3-5　猪肉及相关肉类产品产量(万吨)

	肉类总产量	猪、牛、羊肉总产量	猪肉	牛肉	羊肉
2001 年	6106	4832.1	4051.7	508.6	271.8
2002 年	6234	4928.5	4123.1	521.9	283.5
2003 年	6443	5089.8	4238.6	542.5	308.7
2004 年	6609	5234.3	4341	560.4	332.9
2005 年	6939	5473.5	4555.3	568.1	350.1
2006 年	7089	5591	4650.5	576.7	363.8
2007 年	6866	5283.8	4287.8	613.4	382.6
2008 年	7279	5614	4620.5	613.2	380.3
2009 年	7650	5915.7	4890.8	635.5	389.4
2010 年	7926	6123.2	5071.2	653.1	398.9

数据来源：《中国农业年鉴》。

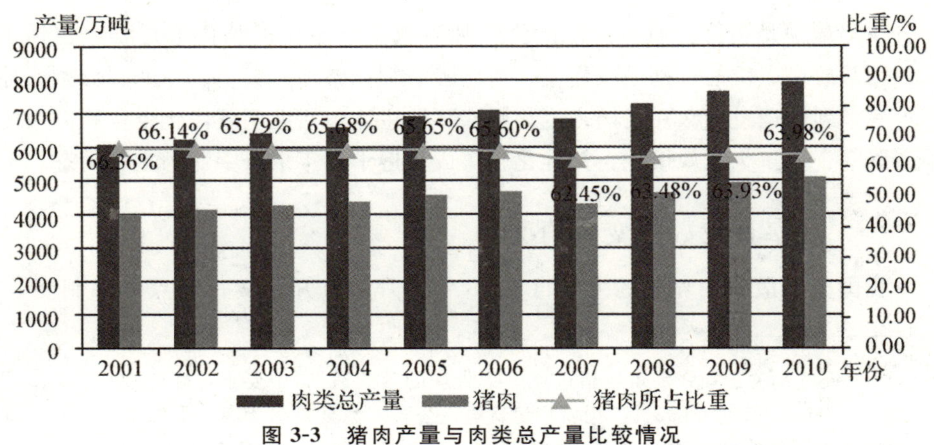

图 3-3　猪肉产量与肉类总产量比较情况

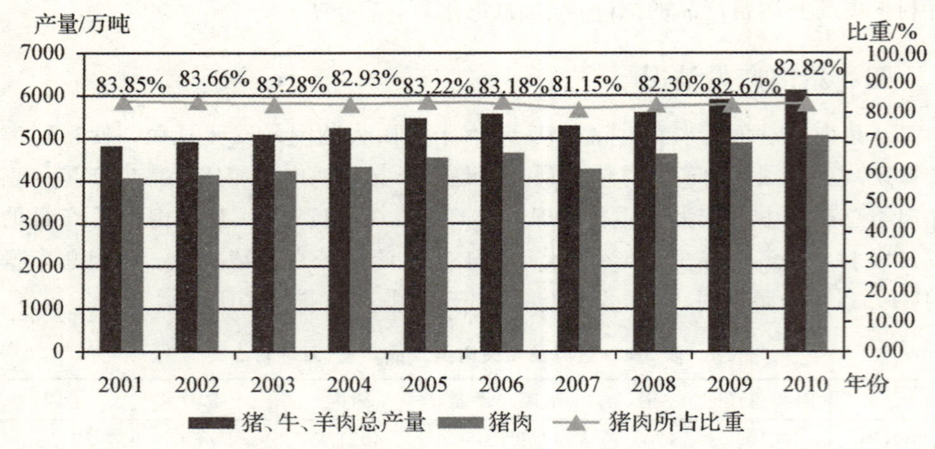

图 3-4　猪肉产量与猪、牛、羊肉总产量比较情况

综上所述，我国是世界第一大生猪生产国，生猪出栏量、存栏量一直保持着较高的水平，同时各地区之间发展不平衡；我国的猪肉产量一直在肉类总产量中占较大比重。问题在于我国生猪养殖企业数量多，规模化程度低，呈现出星罗棋布的局面。这种局面直接导致了政府监管困难、养殖者自控能力差，以至于造成猪肉质量不高的后果。所以，实行规模养殖，就成为控制猪肉质量的核心问题。

第二节　生猪屠宰环节的质量控制

生猪屠宰是将符合质量标准的生猪加工成安全卫生的猪肉的过程，包括击晕、刺杀放血、烫毛、刮毛或剥皮、去内脏、胴体整理、劈半、冲洗、分割、检疫等一系列处理过程。在我国，生猪屠宰环节主体包括大型现代化企业和分散的小型屠宰企业。企业规模化、标准化趋势成为近十几年来屠宰业的主要动态。

一、屠宰企业数量变化情况

我国生猪散养户养殖的生猪自 1998 年 1 月 1 日开始实行定点屠宰制度①，

① 《商务部关于加强乡镇生猪进点屠宰管理的紧急通知》中要求，确保 2007 年 12 月全国乡镇进点屠宰率达到 95%。据新华每日电讯公布，截至 2007 年 12 月 12 日，全国县城以上城市(除西藏外)生猪进点屠宰率已达 100%，乡镇生猪进点屠宰率已达 95%。

对生猪屠宰进行整顿，开始在全国范围内，逐步取消不合理的屠宰企业，对一些屠宰企业进行整合。2003 年，我国共有 4 万多个肉类定点屠宰企业，众多的屠宰企业难以形成有效监管，而且每个屠宰企业规模偏小、产能偏低，不利于引进先进的设备，规范化屠宰(Jeh-Nan Pan，2003)。在国家相关机构的整顿下，至 2006 年，肉类屠宰企业减少到 2.5 万家，取消了大量产能较低的屠宰企业。在这 2.5 万家肉类屠宰企业中，猪肉屠宰企业占 80%(Xiang zheng DENG et al.，2009)。为了应对不断出现的猪肉质量安全事件，国家对肉类屠宰企业继续进行整顿。至 2007 年，全国生猪定点屠宰企业达 2.3 万家，规模以上屠宰企业 2847 家。

商务部 2010 年 6 月 18 日发布的《2009 年中国生猪屠宰行业发展研究报告》显示，2009 年我国年屠宰量 2 万头以上的屠宰企业约占总定点屠宰企业数量的 12.38%，比 2008 年增加了 1.85%，2009 我国年屠宰量 2 万头以上的屠宰企业累计生猪屠宰量为 2.25 亿头，占当年定点屠宰企业屠宰量的 69.66%，较 2008 年增加 1.76%。2011 年，我国生猪定点屠宰企业 2.1 万多家，规模以上企业不到 10%。表 3-6 显示了 2009—2011 年全国规模以上生猪定点屠宰企业屠宰量与出栏量之间的比例关系，呈倒 U 趋势。

表 3-6 全国规模以上生猪定点屠宰企业屠宰量占出栏量比重

	屠宰量(万头)	出栏量(万头)	比重(%)
2009 年	20824.9	64538.61	32.27
2010 年	22749.4	66686.43	34.11
2011 年	21464	66170	32.44

数据来源：全国屠宰行业管理信息系统、《中国农业年鉴》。

二、屠宰企业地区分布情况

与养殖企业类似，我国屠宰企业地区分布也很鲜明。截至 2010 年，根据商务部全国屠宰行业管理信息系统统计，我国共有定点屠宰企业 21138 个，其中，四川屠宰企业有 3516 个，数量位居全国之首。可见，各个地区生猪出栏量的差别，直接影响了定点屠宰企业的数量。表 3-7 显示了我国不同地区屠宰企业的屠宰量等情况。可以看出，2010 年，我国平均每个屠宰企业屠宰量为 3.15 万头/年。北京、上海、湖南、天津和重庆平均每个屠宰企业每年屠宰量分别为 23.99 万头、17.73 万头、9.73 万头、9.68 万头、9.10 万头，位居前五位。西藏和新疆平均每个屠宰企业每年屠宰量不足 1 万头，西藏屠宰量最少。

表 3-7 我国不同地区屠宰场情况(2010 年)

地区	定点屠宰企业数量	出栏量(万头)	平均屠宰量(万头/个)(出栏量/屠宰企业数量)
四川	3516	7178.28	2.04
广东	1770	3732.02	2.11
山东	1658	4301.11	2.59
河南	1491	5390.52	3.62
安徽	1400	2782.06	1.99
江苏	1398	2847.03	2.04
广西	1190	3230.04	2.71
湖北	853	3827.38	4.49
河北	821	3222.89	3.93
江西	737	2847.18	3.86
辽宁	652	2682.70	4.11
湖南	588	5723.50	9.73
黑龙江	585	1601.84	2.74
浙江	555	1922.22	3.46
内蒙古	544	913.92	1.68
云南	511	2961.77	5.80
吉林	475	1454.56	3.06
陕西	398	1111.46	2.79
新疆	360	262.72	0.73
山西	332	683.97	2.06
福建	297	1963.31	6.61
重庆	221	2010.51	9.10
海南	217	505.66	2.33
贵州	191	1688.67	8.84
甘肃	172	638.77	3.71

续表

地区	定点屠宰企业数量	出栏量（万头）	平均屠宰量（万头/个）（出栏量/屠宰企业数量）
宁夏	59	119.98	2.03
青海	56	131.38	2.35
天津	37	358.20	9.68
西藏	26	14.96	0.58
上海	15	265.98	17.73
北京	13	311.84	23.99
合计	21138	66686.43	3.15

数据来源：全国屠宰行业管理信息系统。

三、行业集中度与机械化情况

自1997年颁布《生猪屠宰管理条例》至2010年，我国屠宰行业集中度得到提高，屠宰行业整体水平得到有效提升。3000余家生猪屠宰企业实施了机械化屠宰方式。2300余家屠宰企业的屠宰规模均达到了2万头，年屠宰量达到了2.1亿头，占全部定点屠宰量的60%以上。同时，一些大型屠宰企业也得到了较快发展。排名前十的屠宰企业的猪肉（生猪）销售比重达到25%以上。但是，生猪屠宰行业在发展过程中也积累了一些问题，主要表现为屠宰企业的数量仍然过多，特别是落后产能企业，行业的集中度与世界发达国家相比还是明显偏低，屠宰行业的国际竞争力相对薄弱。

虽然目前已涌现出一批以猪肉制品加工为主的大型肉类企业，如江苏雨润、山东大众食品、四川新希望、四川四海集团、四川高金食品、河南众品食业、四川新星源食品、广东温氏集团、山东维尔康食品、福建森宝食品集团、北京千喜鹤集团、江西国鸿集团、四川通威集团、山东得利斯集团等，① 但是国内四大屠宰企业所占市场份额不到8%②。美国有生猪屠宰企业900家左右，年产猪肉1000多万吨，前15家大型屠宰企业屠宰量占全国的95%。③《全国生猪屠

① 胡润研究院发布《杀猪榜》，2010年12月30日。他们平均年屠宰能力超过618万头。

② 来源：全国屠宰行业管理信息系统（http://tzglsczxs.mofcom.gov.c nuser _ base/news/index.html）。

③ 来源：商务部市场秩序司，2011-01-27。

宰行业发展规划纲要(2010—2015)》提出，至2015年全国手工和半机械化等落后的生猪屠宰产能淘汰50%，其中大城市和发达地区力争淘汰80%左右。

目前，我国82%[①]的屠宰企业仍然采用半机械或手工屠宰，设备简陋，检疫或流于形式，或靠经验直觉，或手段落后；私屠滥宰、制售注水猪肉和病死猪肉行为时有发生。因此，减少屠宰企业数量，支持规模企业发展冷链物流，推进规模化、品牌化、连锁化经营，提升行业集中度已成为屠宰行业的当务之急。

综上所述，我国生猪屠宰行业在很多地区都存在着集中度低的问题，屠宰行业正面临一次重大调整。为了提高屠宰过程的可控性、保障猪肉质量安全，通过规模化来提高集中度成为屠宰行业最核心的问题。

第三节　猪肉零售环节的质量控制

猪肉零售是猪肉的零售主体(如农贸市场、大型超市、猪肉专卖店等)将各种形式的猪肉销售给消费者的过程。零售的猪肉主要用于消费者的直接消费。猪肉零售环节是封闭供应链中直接与消费者接触的环节，是猪肉产生使用价值的最后一步。猪肉质量的好坏，第一时间体现在消费者与零售商之间的关系上。大型超市等零售主体处于生产和消费的中间环节，既影响上游企业的有效供给，又影响下游消费者的理性需求，对猪肉质量安全起着重要的促进作用(王继永等，2008)。

一、不同零售渠道特点

我国是猪肉生产大国和消费大国，但猪肉的出口量很小(占总量的1%～2%)，所以几乎可以忽略。国内猪肉零售方面，主要渠道为农贸市场、露天市场、批发市场以及大型超市和猪肉专卖店。其中，城镇居民大都从大型超市、农贸市场等渠道购买猪肉；农村居民大都从露天市场和农贸市场等渠道购买猪肉。

农贸市场以销售热鲜肉为主，由于卫生条件普遍较差，很容易滋生细菌。销售猪肉的大都是小商小贩，猪肉的来源比较不稳定，时常出现注水猪肉、病死猪肉等情况。城镇里面大型超市的猪肉具有一定的质量保障。大型超市一般具有良好的环境、科学的经营管理理念，而且更加注重产品的质量和商业信

① 来源：全国屠宰行业管理信息系统(http：//tzglsczxs. mofcom. gov. cn user _ base/news/index. html)。

誉。其优势主要体现在以下两个方面。首先，具有较强的诚信意识和提高质量的意识。大型超市为了维护自身的形象，会不断提高管理水平。如果大型超市猪肉质量出现问题或失信于消费者，将会承受重大的经济损失。同时，大型超市也会加强对上游供应商的管理，要求上游企业提高猪肉质量，保障猪肉质量安全。这样才能形成正常的商业循环。其次，具有良好的硬件条件和技术手段，具备一定的猪肉质量安全控制能力。大型超市具有肉类专区，一般都拥有较好的冷链运输设施、保鲜存储设备、分割包装操作间、猪肉分类陈列冷柜和计算机识别系统等，能够有效保障猪肉质量安全。同时，大型超市的条形码技术包含了猪肉生产日期、产地以及检疫等相关信息，便于追究猪肉供应商的责任。

在城镇另一个销售猪肉的主要渠道是猪肉专卖店。猪肉专卖店不仅拥有和大型超市同样的冷链运输条件、冷藏设备，而且还具备一些其他特点。首先，猪肉专卖店以销售中、高档的绿色猪肉、有机猪肉为主。这些猪肉来自固定的养殖企业，而且有鲜明的品牌效应。其次，猪肉专卖店的猪肉具有较强的可溯性，所以品质相对更有保证。

二、零售企业销售猪肉的类别

从目前销售的猪肉类别来看，零售企业主要销售热鲜肉、冷却肉和冷冻肉这三类猪肉。热鲜肉就是我们平时所说的“凌晨杀猪，早晨卖肉”。热鲜肉因为比较新鲜，受到很多消费者的喜爱。但是，由于热鲜肉的温度较高，很容易滋生微生物，从而给人带来一定的危害。所以，热鲜肉的保质期一般都很短，一般不超过 1～2 天。冷却肉就是屠宰之后，将胴体的温度在一天之内控制到0～4℃，同时在流通和销售过程中，始终维持在 0～4℃。由于冷却肉的生产全过程始终处于严格控制下，卫生品质比热鲜肉显著提高，汁液流失少，而且经过肉的成熟过程，其风味和嫩度明显改善。一般认为，冷却肉的货架期不超过 7 天。冷冻肉是把宰后的肉先放入－30℃以下的冷库中冻结，然后在－18℃环境下保藏，并以冻结状态销售的肉。冷冻肉较好地保持了新鲜肉的色、香、味及营养价值，卫生品质较好，但在解冻过程中，冷冻肉会出现比较严重的汁液流失，使肉的加工性能、营养价值、感观品质都有所下降。一般认为，冷冻肉的货架期可以达到 6～12 个月。表 3-8 为对三类猪肉基本情况的简要介绍。以城镇居民为例，在销量上面，冷却肉占三类肉总销量的 10％左右，热鲜肉和冷冻肉占 90％左右。因为冷却肉质量高于热鲜肉，所以随着消费者认识的不断提高，冷却肉会逐步发展为猪肉消费的主流。

表 3-8　三类猪肉基本情况

	工艺特点	优点	缺点	销售渠道	消费群体
热鲜肉	新鲜屠宰放血	符合国人爱吃新鲜产品的特点	没有经过冷却排酸处理，易污染、易腐化变质，不卫生	农贸市场	传统家庭、中低收入者
冷却肉	屠宰后经过冷却排酸处理	肉品新鲜、质嫩味美、营养价值高	价格高，加工需要的生产设备要求高，全程需要冷链	大型超市、猪肉专卖店	中高收入城镇居民
冷冻肉	屠宰后经过冷却排酸处理后－18℃冷冻	保存期长，便于运输	解冻时会影响口感和营养价值	大客户	肉制品加工企业、餐饮行业

三、销售带有质量认证信号猪肉的情况

从猪肉的质量认证信号角度来看，猪肉可分为普通猪肉、无公害猪肉、绿色猪肉和有机猪肉。① 仅具有动物检疫合格证和肉品品质检验合格证(两证)的猪肉，称为普通猪肉。无公害猪肉、绿色猪肉、有机猪肉是指经过相关机构认定，符合相应标准，允许使用相应标识的猪肉。简单来说，无公害猪肉在生产养殖中允许使用无残留或残留量低且对人体无害的饲料、饲料添加剂、兽药等，有机猪肉绝对禁止使用兽药、激素等人工合成物质，且饲料需来源于有机种植业，绿色猪肉处在上述两者之间。

目前，我国市场上销售的绝大部分猪肉均属于普通猪肉；无公害猪肉、绿色猪肉、有机猪肉的销售量与之相比并不高。以绿色猪肉为例(如表 3-9 所示)，2009 年、2010 年我国绿色猪肉年销售量呈现下降的趋势。

表 3-9　我国绿色猪肉产品数及销售量情况

	2006 年	2007 年	2008 年	2009 年	2010 年
绿色猪肉产品数(个)	80	109	125	129	113
绿色猪肉年销售量(万吨)	5.3	5.47	5.9	5.03	3.86

数据来源：中国绿色食品发展中心。

综上所述，在零售渠道方面，我国猪肉零售环节主要集中在农贸市场、大型超市和专卖店。其中专卖店的猪肉质量最高；大型超市成为城镇居民购买猪肉的主要场所；农贸市场的猪肉质量较低。在猪肉类别方面，目前以热鲜肉为

① 为了健全农产品质量安全管理体系，提高农产品质量安全水平，增加农产品国际竞争力，农业部 2001 年 4 月推出“无公害食品行动计划”，其中包括无公害农产品、绿色食品和有机食品。

主；但是，因为冷却肉质量高于热鲜肉，随着消费者认识的不断提高，冷却肉会逐步发展成为猪肉消费的主流。在猪肉质量认证方面，绿色猪肉、有机猪肉发展速度缓慢，有待进一步提高。

第四节　消费者环节的质量控制

一、居民猪肉消费情况

我国猪肉消费量一直很高。改革开放以来，我国猪肉消费量迅速上升(如图 3-5 所示)。从人均消费量来看，城镇居民的猪肉人均消费量显著高于农村居民的人均消费量(如图 3-6 所示)。由于经济发展程度不同，农村居民的猪肉人均消费量与城镇居民人均消费量相比，还具有一定的差距，但是自 20 世纪 90 年代以后，这个差距越来越小。我国猪肉消费量的增长主要来源于农村居民消费量的增长。

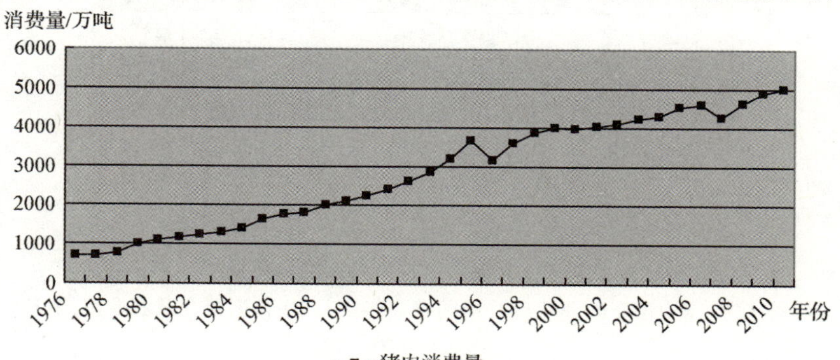

图 3-5　中国猪肉消费量

数据来源：《中国农业年鉴》。

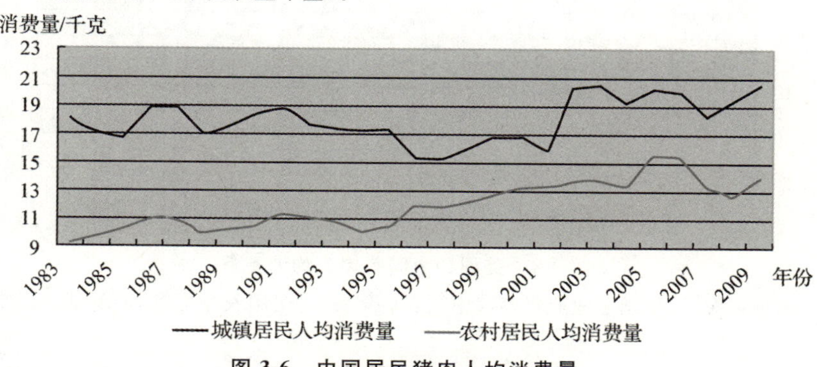

图 3-6　中国居民猪肉人均消费量

数据来源：《中国畜牧业年鉴》《中国农业年鉴》。

二、猪肉消费的国际比较情况

从世界范围来看，2011 年，我国消费猪肉 5258 万吨，占全球消费量的 50.37%，是欧盟 27 个国家消费总量的 2.5 倍，美国的 6.2 倍。① 自 1978 年后，我国猪肉人均消费量高于全球平均水平(如图 3-7 所示)。1979 年后，与美国相比，我国猪肉人均消费量发生了从低于到高于的变化(如图 3-8 所示)，我国猪肉人均消费量与欧洲联盟(以下简称欧盟)国家的差距逐步缩小(如图 3-9 所示)。

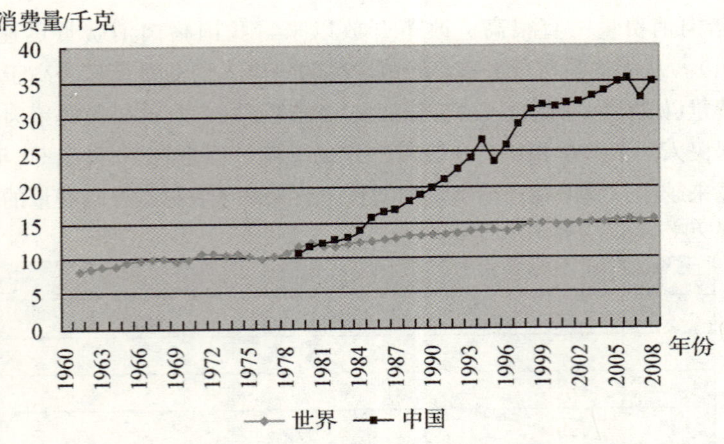

图 3-7 世界、中国猪肉人均消费量

数据来源：《中国畜牧业年鉴》《中国农业年鉴》、联合国粮食及农业组织(FAO)。

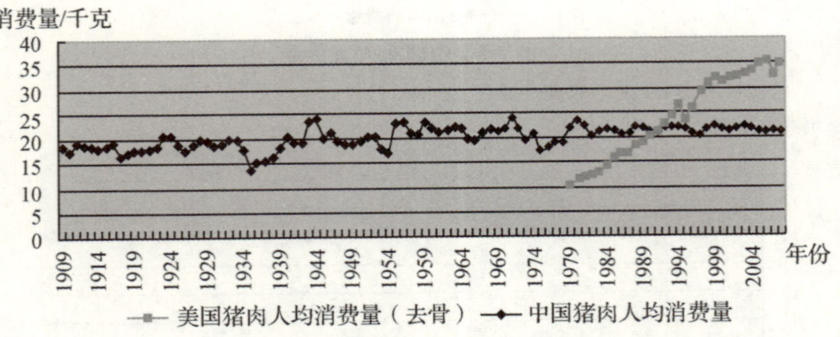

图 3-8 美国和中国猪肉人均消费量

数据来源：《中国畜牧业年鉴》《中国农业年鉴》、美国农业部(USDA)。

① 韩国国际广播电台 2011 年 7 月 20 日报道，来自韩国农村经济研究院的预计。

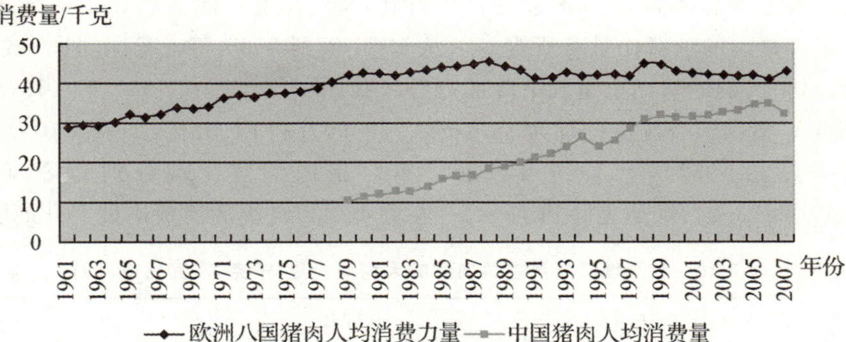

图 3-9　欧洲八国①和中国猪肉人均消费量

数据来源：《中国畜牧业年鉴》《中国农业年鉴》、EURO。

三、猪肉消费类别情况

从猪肉消费类别来看，我国居民更多是以消费热鲜肉为主，对冷却肉购买量逐渐上升。事实上，热鲜肉非常容易受到微生物的侵染，从而导致猪肉质量安全问题；冷冻肉虽然保存时间长久，但过低的温度会破坏猪肉的营养；冷却肉介于热鲜肉和冷冻肉之间，不仅味道鲜美、营养保存良好，而且又不容易受到微生物的侵染。受传统消费习惯的影响，我国广大农村和城镇居民，更倾向于购买热鲜肉。同时，冷却肉对运输、存储条件的要求较高，以至于农村地区发展缓慢，冷却肉的消费群体还是以城镇居民为主。发达国家早在 20 世纪二三十年代就开始推广冷却肉，在其目前消费的生鲜肉中，冷却肉已占 90%左右。随着我国经济的发展、消费水平的不断提升，居民对猪肉的消费将从数量的增长转变为质量的提升。今后，冷却肉将逐步代替热鲜肉和冷冻肉，成为消费的主流。从销售渠道来看，大型超市、连锁超市目前都已经具备了陈列冷柜和冷藏物流条件；从消费者角度来看，城镇居民极高的电冰箱普及率也解决了冷却肉的家庭存储问题。《全国生猪屠宰行业发展规划纲要(2010－2015)》计划到 2015 年，冷却肉消费占城镇市场份额提升至 30%，初步改变我国猪肉产品白条肉多、分割肉少，热鲜肉多、冷却肉少的状况。

四、肉类消费结构情况

从消费结构来看，猪肉消费比例有所下降。2000 年以来，我国居民猪肉

---

① 欧洲八国包括奥地利、丹麦、德国、法国、爱尔兰、荷兰、葡萄牙、英国。

消费量占肉类总消费量的比重一直维持在60%以上，但消费比重有所下降，牛、羊、禽肉的消费比量有所提高。从1985年到2005年，我国居民(城镇和农村)对猪肉的消费比重呈现下降的趋势。我国城镇居民在1985年、1995年、2005年，猪肉消费比重分别为75.96%、72.90%和61.38%(如表3-10所示)；农村居民在1985年、1995年、2005年，猪肉消费比例分别为86.00%、80.64%和75.24%(如表3-11所示)。在肉类中，禽类的消费比重上升最快。

表3-10 我国城镇居民主要肉类的人均消费量(千克)及其比重(%)

	1985年		1995年		2005年	
	人均消费量	比重(%)	人均消费量	比重(%)	人均消费量	比重(%)
猪肉	16.68	75.96	17.24	72.90	20.15	61.38
牛肉	1.22	5.56	1.47	6.21	2.28	6.94
羊肉	0.82	3.73	0.97	4.10	1.43	4.36
禽肉	3.24	14.75	3.97	16.79	8.97	27.32
合计	21.96	100	23.65	100	32.83	100

数据来源：FAO。

表3-11 我国农村居民主要肉类的人均消费量(千克)及其比重(%)

	1985年		1995年		2005年	
	人均消费量	比重(%)	人均消费量	比重(%)	人均消费量	比重(%)
猪肉	10.32	86.00	10.58	80.64	15.62	75.24
牛肉	0.33	2.75	0.36	2.74	0.64	3.08
羊肉	0.32	2.67	0.35	2.67	0.83	4.00
禽肉	1.03	8.58	1.83	13.95	3.67	17.68
合计	12	100	13.12	100	20.76	100

数据来源：FAO。

综上所述，改革开放以来，我国猪肉消费量一直迅速上升，虽然农村居民猪肉人均消费量低于城镇居民，但是差距正在逐渐缩小；我国猪肉人均消费量高于全球平均水平，高于美国平均水平，但低于某些欧盟国家；从消费类别来看，我国居民仍然以消费热鲜肉为主；从消费结构来看，我国居民猪肉消费量仍然远高于其他肉类，但是所占比重呈下降趋势。

第五节　政府监管环节

随着猪肉质量安全事件频频发生，国家对整个猪肉供应链的监管越发严格，逐步制定了相关条例，明确监管责任，完善监管制度。

一、具有代表性的文件及主要内容

2007 年，商务部、公安部、农业部、卫生部、工商行政管理总局、质量监督检验检疫总局六部门联合出台《全国猪肉质量安全专项整治行动实施方案》。《全国猪肉质量安全专项整治行动实施方案》提出了猪肉质量安全专项整治的总体要求、主要任务和各部门工作职责。

2008 年 3 月第十一届全国人民代表大会一次会议对政府机构进行了改革，决定将食品药品监督管理局归由卫生部管理。同时，规定由卫生部承担食品安全综合协调、组织查处食品安全重大事故的责任。2009 年 2 月，第十一届全国人民代表大会常务委员会第七次会议通过《中华人民共和国食品安全法》，规定国务院设立食品安全委员会作为高层次的议事协调机构，协调、指导食品安全监管工作。

2011 年底，商务部、工业和信息化部、财政部、环境保护部、农业部、卫生部、工商行政管理总局、质量监督检验检疫总局和食品药品监督管理局九部门联合印发《关于加强生猪定点屠宰资格审核清理工作的通知》(商秩发〔2011〕493 号)，决定自 2012 年 1 月至 7 月在全国开展生猪定点屠宰资格审核清理工作。通过审核清理，取消经整改仍不达标、不符合设置规划或有严重违法行为企业的定点屠宰资格，坚决制止将不达标定点屠宰厂(场)违法作为屠宰场点的行为，确保所有取得生猪定点屠宰资格的企业符合《中华人民共和国食品安全法》《生猪屠宰管理条例》规定的条件及相关标准，防止病死猪肉流入市场，确保肉品质量安全。

2012 年 6 月 23 日，国务院出台了《国务院关于加强食品安全工作的决定》(国发〔2012〕20 号)，提出健全畜禽疫病防控体系，规范畜禽屠宰管理，完善畜禽产品检验检疫制度和无害化处理补贴政策，严防病死病害畜禽进入屠宰和肉制品加工环节。

二、各监管部门的主要责任

我国猪肉质量安全监管部门体系主要由食品药品监督管理局、公安部、农业部、商务部、卫生部、质量监督检验检疫总局、工商行政管理总局、环境保护部、海关总署九大部(局)共同构成。各个部(局)对猪肉供应链上各环节的监管均有不同程度的侧重(如表 3-12 所示),反映了各部(局)对种猪/母猪/仔猪、生猪、猪肉各环节的监管情况。

表 3-12　我国猪肉供应链上各部(局)监管职权范围

	种猪/母猪/仔猪				生猪				猪肉			
	保险	防疫	补贴	流通	投入	养殖	屠宰	流通	生产	运输	销售	出口
食药局	√	√	√	√	√	√	√	√	√	√	√	√
公安部				√	√	√	√	√		√	√	
农业部	√	√	√	√	√	√	√	√				
商务部				√			√	√				√
卫生部								√		√	√	
质检总局		√			√		√		√			√
工商局				√	√		√	√			√	
环保部				√		√	√		√	√	√	
海关总署				√						√		√

三、对猪肉供应链各环节监管情况

1. 生猪养殖环节

(1)生猪养殖环节管理

2002 年 8 月国务院发出了《国务院关于加强新阶段“菜篮子”工作的通知》,明确指出农业部门主管“菜篮子”食品种植、养殖过程的质量安全,负责监管兽药、饲料和饲料添加剂等农业投入品的使用,加强对动植物“菜篮子”产品的检验检疫,会同经贸部门牵头协调“菜篮子”发展的政策措施。2004 年《国务院关于进一步加强食品安全工作的决定》(国发〔2004〕23 号)又明确规定,包括生猪养殖等初级农产品生产环节的监管由农业部门负责。养殖过程中兽药、饲料和饲料添加剂等农业投入品的管理,根据《兽药管理条例》《饲料和饲料添加剂管理条例》等的规定,由国务院农业行政主管部门或兽医行政管理部门负责全国的兽药、饲料和饲料添加剂等投入的监督管理工作,县级以上地方人民政府农业行政主管部门或兽医行政管理部门负责本行政区域内的兽药、饲料和饲料添加剂等投入的监督管理工作。

(2)生猪疫病防治、检验检疫

疫病是影响猪肉质量安全的主要因素之一。很多生猪疫病会传染给人，引起人发病，甚至引起人死亡。因此，生猪疫病的防治对于确保猪肉质量安全非常重要。近年来猪瘟等检疫性生猪疾病仍不断大面积发生，仔猪白痢及猪瘟等仍是集约化养猪死亡的主要原因。我国生猪死亡率长期居高不下，几乎是发达国家的两倍，使出栏率大大低于世界先进水平。中国在生猪疫病防治方面与国际标准有较大差距，与欧美等发达国家差距则更大。除传统的猪瘟、猪丹毒、猪肺疫、仔猪副伤寒四种传染病外，伪狂犬病、细小病毒病、喘气病、五号病、流行性腹泻、传染性胃肠炎、传染性胸膜肺炎、传染性萎缩性鼻炎、水肿病、黄痢等已给我国养猪业带来严重的威胁。由于农户养殖技术相对落后，检疫制度不完善，环境恶化，品种交流日益频繁，不当用药，规模养猪消毒、隔离制度不彻底等，造成生猪疫病难以防治。

目前动物防疫方面的法律法规主要有1992年开始实施的《中华人民共和国进出境动植物检疫法》，1998年开始实施的《中华人民共和国动物防疫法》(及后续修订)，1998年开始实施的《生猪屠宰管理条例》(及后续修订)，2002年农业部发布的《动物检疫管理办法》(现行2010年版本)、《动物免疫标识管理办法》及《动物防疫条件审核管理办法》(现行2010年版本)等以及各地方制定的配套规章。这些法律法规的出台，使动物防疫工作逐渐有法可依，明确了动物防疫工作的行政管理部门和具体职能。

《动物检疫管理办法》规定：各级人民政府畜牧兽医行政管理部门主管本行政区域内的动物检疫工作，各级人民政府所属的动物防疫监督机构负责对本行政区域内的动物、动物产品实施检疫；动物防疫监督机构设动物检疫员，实施动物检疫；动物检疫员按照国家标准和农业部颁布的检疫标准、检疫对象以及本办法的有关规定实施动物检疫。《动物检疫管理办法》主要包括四方面内容：报检制度，即国家对动物检疫实行报检制度，要求动物、动物产品在出售或者调出离开产地前，货主必须向所在地动物防疫监督机构提前报检；产地检疫，即动物、动物产品出售或调运离开产地前必须由动物检疫员实施产地检疫，货主按时向动物防疫监督机构提前报检，动物产品经产地检疫，符合条件的，出具动物产品产地检疫合格证明；屠宰检疫，即国家对生猪等动物实行定点屠宰，集中检疫，动物防疫监督机构对依法设立的定点屠宰场(厂、点)派驻或派出动物检疫员，实施屠宰前和屠宰后检疫，对动物应当凭产地检疫合格证明进行收购、运输和进场(厂、点)待宰，动物检疫员负责查验收缴产地检疫合格证明和运载工具消毒证明，动物检疫员按屠宰检疫有关国家和行业标准实施屠宰检疫；检疫管理，动物防疫监督机构对动物和动物产品的产地检疫和屠宰检疫情况进行监督。

另外，《生猪屠宰管理条例》规定：定点屠宰厂(场)屠宰的生猪，应当经生猪产地动物防疫监督机构检疫合格。《中华人民共和国进出境动植物检疫法》规定：国务院设立动植物检疫机关，统一管理全国进出境动植物检疫工作；国家动植物检疫机关在对外开放的口岸和进出境动植物检疫业务集中的地点设立的口岸动植物检疫机关，依照《中华人民共和国进出境动植物检疫法》规定实施进出境动植物检疫；国务院农业行政主管部门主管全国进出境动植物检疫工作。《动物免疫标识管理办法》规定：凡国家规定对动物疫病实行强制免疫的，均须建立免疫档案管理制度，对猪、牛、羊佩带免疫耳标；县级以上人民政府畜牧兽医行政管理部门负责本行政区域内的免疫标识管理工作，县级以上人民政府所属的动物防疫监督机构组织实施本行政区域内的免疫标识工作。《动物防疫条件审核管理办法》规定：国家对动物防疫条件的审核管理，实行《动物防疫合格证》制度；各级人民政府畜牧兽医行政管理部门负责本行政区域内的动物防疫条件审核的管理工作，各级人民政府所属的动物防疫监督机构实施本行政区域内动物防疫条件的审核、监督。

2. 屠宰环节

1985 年中国生猪放开经营，统购统销政策被打破。为加强生猪屠宰市场的管理，1997 年 12 月 19 日国务院发布《生猪屠宰管理条例》(以下简称《条例》)，《条例》规定：国家对生猪实行定点屠宰、集中检疫、统一纳税、分散经营的制度；国务院商品流通行政主管部门主管全国生猪屠宰的行业管理工作；县级以上地方人民政府商品流通行政主管部门负责本行政区域内生猪屠宰活动的监督管理；乡镇屠宰厂(场)生猪屠宰活动的具体管理体制，由省、自治区、直辖市人民政府规定。《条例》还规定：定点屠宰厂(场)由市、县人民政府根据定点屠宰厂(场)的设置规划，组织商品流通行政主管部门和农牧部门以及其他有关部门，依照条例规定的条件审查、确定，并颁发定点屠宰标志牌。此外，还有《生猪屠宰管理条例实施办法》《生猪屠宰证、章、标志牌管理办法》《生猪屠宰行政处罚程序规定》《生猪屠宰操作规程》《畜类屠宰加工通用技术条件》《生猪屠宰产品品质检验规程》《猪屠宰与分割车间设计规范》等法律法规和标准。

1998 年 1 月 1 日起施行的《中华人民共和国动物防疫法》规定：国务院畜

牧兽医行政管理部门、商品流通行政管理部门协商确定范围内的屠宰厂、肉类联合加工厂的屠宰检疫按照国务院的有关规定办理，并依法进行监督；省、自治区、直辖市人民政府规定本行政区域内实行定点屠宰、集中检疫的动物种类和区域范围；动物防疫监督机构对屠宰(点)屠宰的动物实行检疫并加盖动物防疫监督机构统一使用的验讫印章。

2003年8月29日，商务部、公安部、农业部、卫生部、工商行政管理总局、质量监督检验检疫总局、食品药品监督管理局联合发出的《关于加强生猪屠宰管理确保肉品安全的紧急通知》要求：各级商务(经贸)、公安、工商行政管理等部门要加强生猪屠宰管理、打击私屠滥宰；各级商务(经贸)部门要采取切实可行的措施，对现有屠宰厂(场)进行全面清理整顿；各级农业(畜牧)部门要加强屠宰检疫管理工作；各级卫生行政部门要做好屠宰厂（场）卫生条件的审核；各级商务(经贸)、农业(畜牧)、卫生、工商行政管理、质量技术监督等部门各司其职，严把肉品市场准入关；各级商务（经贸）部门要会同农业(畜牧)、卫生、工商行政管理、质量技术监督等部门采取切实可行措施，确保各项工作落实到实处，充分发挥社会监督作用，建立举报投诉制度并落实责任追究制度和奖惩制度，建立健全生猪屠宰厂(场)长效监管机制。

由上可见，我国生猪屠宰监督管理工作涉及部门较多，不仅涉及商务(经贸)部门和农业(畜牧)部门，还涉及公安、卫生、工商行政管理、质量监督检验检疫、食品药品监督管理部门，需要各部门统一协调、密切配合。

为加强生猪定点屠宰厂(场)病害猪无害化处理监督管理，防止病害生猪产品流入市场，保证人民群众吃上“放心肉”，2008年7月9日，商务部、财政部联合公布了《生猪定点屠宰厂(场)病害猪无害化处理管理办法》。该办法规定，国家对生猪定点屠宰厂(场)病害猪实行无害化处理制度，国家财政对病害猪损失和无害化处理费用予以补贴。《生猪定点屠宰厂(场)病害猪无害化处理管理办法》明确规定，生猪定点屠宰厂(场)发现下列情形的，应当进行无害化处理：①屠宰前确认为国家规定的病害活猪、病死或死因不明的生猪；②屠宰过程中经检疫或肉品品质检验确认为不可食用的生猪产品；③国家规定的其他应当进行无害化处理的生猪及生猪产品。

3. 销售环节

流通过程和销售中猪肉食品的质量安全控制是保证消费者食用放心食品的最后一道关卡。猪肉及猪肉食品在运送过程中对温度、卫生条件等的要求较高，需要专门的运输设备运送。但我国的猪肉配送和流通体系还很不发达，专业化的食品配送企业较少，许多猪肉食品加工企业都是自己解决产品的流通配送问题。而农户或小型食品加工企业的食品运输设备往往比较简陋，难以保障猪肉及猪肉食品在运送过程中的卫生安全。另外，由于铁路运输能力的局限和运输条件的不足，我国绝大多数猪肉食品只能通过公路依靠货车来运输，这就使许多猪肉食品加工企业的产品销售局限在本地市场。

在食品流通和销售环节监管方面，我国目前有几个部门在共同负责。工商行政管理部门负责监管食品的流通，规范和监督市场秩序，抽查经营企业的食品，检测从业资格等。卫生部门负责餐饮业和幼儿园、托儿所等食堂消费环节的监管工作，负责重大食品安全事故的查处、报告。质量监督检验检疫部门负责市场上食品质量安全的抽查检验和食品质量安全市场准入制度的实施，负责食品标准的管理和食品质量安全检验检测体系建设。商务部门主要负责不断完善食品安全检测体系，对食品的质量安全进行监督管理，保障食品市场流通顺利进行。农业部门对市场上销售农产品的农药残留和兽药残留具有检测和控制职能。

综上所述，我国从事食品安全监管的部门较多，整个猪肉食品供应体系主要有六个部门参与监管：农业部门、商务部门、卫生部门、工商行政管理部门、质量监督检验检疫部门、食品药品监督管理部门。此外还包括从事食品安全科技管理的科技部门、从事危害分析临界控制点（HACCP）等认证认可的国家认证认可监督管理委员会和从事食品安全标准管理的国家标准化管理委员会。我国这么多的政府部门共同行使食品安全监管职能在国际上是比较少见的，一般国家食品安全监管部门都不超过三个（不包括检验检测、认证等协助和支持部门）。目前的这种食品安全监管格局虽然在一定程度上与我国的国情相适应，但是这种食品安全管理体系不可避免造成了政出多门、互相掣肘、资源浪费、效率低下等弊端。

四、认证、标准及检验检测体系

认证是由处于第三方地位的专业机构来对符合一定要求的食品颁发的证明，以此来证明该食品在生产、加工、储运以及销售过程中符合一定的技术规范。认证是很多国家常用的一种手段。标准是对食品提出的要求，一般包括国家标准、地方标准、行业标准等。检验检测体系一般由政府监管机构对企业食品质量情况进行检测。对于猪肉而言，目前我国较常用的是无公害、绿色、有机食品认证体系。

无公害食品是我国所特有的认证。2002 年，国家质量监督检验检疫总局和农业部颁发了《无公害农产品管理办法》。《无公害农产品管理办法》规定取得无公害猪肉认证，要完善无公害饲料生产安全控制体系、无公害生猪养殖安全控制体系、无公害生猪屠宰加工安全控制体系以及无公害猪肉流通安全控制体系。《无公害农产品管理办法》是政府推动的行为，对企业不收取费用，旨在提高猪肉等食品的质量安全水平。

绿色食品也是我国所特有的认证。相对无公害食品认证而言，绿色食品认证要更加严格。绿色食品认证体系规定食品的生态环境、生产技术、包装、储运等很多环节都应该达到指定标准。

有机食品是国际通用的认证，也是食品中最为严格、质量安全水平最高的认证。有机食品规定生产过程中不能使用任何化肥、农药以及添加剂等物质，也不能采用转基因等技术，只能通过动植物正常成长得到食品。我国有机食品认证遵循的是质量监督检验检疫总局实施的《有机产品认证管理办法》《有机产品认证实施规则》等文件。

本章基于封闭供应链视角，对生猪养殖环节、生猪屠宰环节、猪肉零售环节、消费者环节、政府监管环节五个环节的猪肉质量安全控制概况进行了描述。在生猪养殖环节，我国是世界第一大生猪生产国，猪肉产量一直占据肉类总产量的主导地位，但是我国生猪养殖规模化程度还不高。在生猪屠宰环节，屠宰企业数量正逐步减少，屠宰行业的集中度正在不断提高。在猪肉零售环节，农村以农贸市场、菜市场为主要销售渠道，城镇以大型超市为主要销售渠道，销售的品种以热鲜肉为主。在消费者环节，我国猪肉消费量一直迅速上升，城镇居民人均消费量高于农村居民人均消费量，我国人均消费量高于全球平均水平，高于美国平均水平，但低于某些欧盟国家，从消费结构来看，猪肉消费量仍然远高于其他肉类。在政府监管环节，负责猪肉质量安全的相关部门责任越发明确，针对猪肉行业存在的问题相继出台文件，监管越来越严格。

第四章

猪肉质量安全存在的问题

近几年，我国政府相关部门对猪肉行业进行了严格监管，但情况仍然不乐观。猪肉质量安全事件频频发生。自 2011 年 10 月商务部牵头开展打击私屠滥宰强化肉品卫生安全专项治理行动以来，各省纷纷加强监管力度，对问题猪肉窝点进行查处。自 2011 年 10 月至 2012 年 3 月，江西省共排查出线索 101 条，其中移交公安机关协办 27 条，线索联合查办率在 90%以上，共捣毁私宰窝点 70 个，查获非法屠宰肉品 16.9 吨，处罚违法涉案人员 176 人次①；自 2011 年 10 月至 2012 年 1 月底，全国各地共排查生产经营主体 66 万多家，发现案件线索 4300 多条，同时各地也对排查中发现的问题进行及时处理，共查处生猪屠宰违法案件 6816 件，移送司法机关 126 件，查获非法屠宰的肉品 66 万多公斤②。

问题猪肉涉及生猪养殖环节、生猪屠宰环节、猪肉零售环节以及政府监管环节。生猪养殖环节中，生猪受疫病威胁严重，部分生猪重金属含量超标；生猪屠宰环节中，病猪、死猪流向市场，注水猪肉已成为公开的秘密；猪肉零售环节中，即使是大型超市也经常存在质量欺骗现象。

第一节　生猪养殖环节：药物、饲料质量安全问题

一、疫情频发与药物残留超标并存

动物疫病一直影响着我国的猪肉质量安全，制约着我国猪肉产业进入国际

① 来源：江南都市报，2012-03-23。

② 来源：人民网跨国公司频道，2012-02-16。

市场。中国至今还没能成为国际兽医组织的成员，并被该组织认定为疫区。近几年来，尽管我国不断加大对动物疫病的防治力度，制定了动物疫病防治的法律法规，完善了动物疫病的防疫监督体系，增加了动物疫病防治的资金投入，提高了动物疫病防治的科技水平，甚至还建设了一些专门针对动物疫病的"无规定动物疫病区"和"畜禽生产安全区"，但疫病问题依然严重。随着疫情的频发，养殖户对生猪施加的药量也加大。生猪在仔猪期(产下到育肥期间)，如果猪舍符合卫生标准、饲养得法，一般仔猪只需要打猪瘟、口蹄疫、伪狂犬病和链球菌四种疫苗。但在现实中，多数企业都难以达到卫生要求，饲养者为了提高成活率，往往会多打疫苗，最多的有十几种。专家认为，尽管疫苗一般不会像抗生素药品那样留下有害残留，但对于高品质的生猪来说，疫苗打得越少越好。①

自 2005 年以来，我国生猪产业几乎每年都遭受不同程度的疫病影响，调查显示每年爆发的疫病种类在不断增多，因疫病造成的损失也在逐年加重，尤其是在 2005—2010 年，部分地区爆发的生猪疫情不仅对当地生猪产业造成了严重影响，而且直接导致了全国生猪生产出现剧烈下滑现象。例如，2007 年在全国大规模爆发的高致病性猪蓝耳病，据有关部门统计，全国生猪发病省份高达 26 个，可见此次疫病影响范围之广。再如，2010 年，首先在广州出现口蹄疫疫情，接着在全国 80％以上的省份出现疫情，加上其他疫病的影响，一些地区生猪死亡率高达 50％，这对生猪生产者、消费者及相关产业都造成非常严重的负面影响。根据农业部《兽医公报》每年在一些地区的数据统计，2007—2011 年我国生猪病死率(死亡数占发病数)为 20.63％，猪瘟、蓝耳病、猪丹毒、猪肺疫等疾病每年都有较大规模发生(如表 4-1 所示。其中，IN 代表发病数，DN 代表死亡数)，严重威胁着我国生猪产业发展，在广东、广西等地尤其突出。目前，蓝耳病几乎已是影响全球生猪行业经济效益的头号疾病，在我国猪场也普遍发生。该疾病暴发时，繁殖母猪的死亡率在 20％以上，哺乳仔猪的死亡率在 10％～30％。不过，我国防疫水平还是有了较大进步的，近 5 年的抽样数据统计显示，我国生猪主要疫情总体呈下降趋势(如图 4-1 所示)。

① 来源：新民网(http：//news.xinmin.cn)，2011-03-31。

表 4-1　全国生猪主要疫情情况(头)

	口蹄疫		猪瘟		蓝耳病		猪囊虫病		猪丹毒		猪肺疫	
	IN	DN	IN	DN	IN	DN	IN	DN	IN	DN	IN	DN
2007 年	0	0	148007	33614	96968	27376	109	23	78150	7381	140592	20234
2008 年	0	0	61571	20352	7413	2717	113	18	41309	5391	122112	23341
2009 年	49	0	39268	13597	6875	2067	165	17	35669	4092	108859	17563
2010 年	3371	24	9853	10963	17262	5465	68	10	21986	2989	43625	6994
2011 年	393	25	4538	1559	1069	132	405	14	12392	1557	20431	3589

数据来源：农业部《兽医公报》。

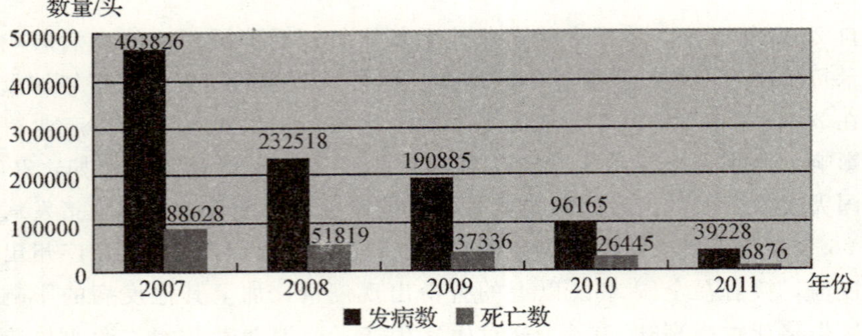

图 4-1　全国生猪主要疫情情况

目前有一些养殖户，为了片面追求高额利润，不顾国家禁令，通过不同方式、途径非法使用违禁药品。农业部已经颁发了 202 种兽药的休药期，但在实践中能严格履行的不多。一些养殖户不遵守休药期的要求，在生猪出栏前仍继续喂药，造成兽药在猪肉内残留量超标。一些养殖户缺乏科学用药知识，盲目用药、滥用药物。在为猪治病的过程中，常常滥用、多用药物，或采用“大包围”式用药方法，对一头病猪使用多种药物，致使猪肉中药物残留超标，影响猪肉质量安全。青海乐都畜牧兽医技术服务中心于 2008 年 4 月对本地肉类市场供应的猪肉进行了磺胺类药物残留检验，共检验猪肉 20 份，检出磺胺类药物残留超标 4 份，占总检验数的 20%(郭全辉等，2008)。据农业部公开的信息，2011 年上半年畜禽产品兽药残留总体超标率为 0.05%，比 2010 年同期持续下降，但检出刚低于残留限量标准的批次较多。动物养殖不规范用药现象依然存在，违规使用卡巴氧等违禁药物问题仍有发生，产品质量仍存在安全隐患。

二、饲料存在的质量安全问题

饲料主要分为浓缩饲料、配合饲料、饲料添加剂、添加剂预混合饲料、动物性饲料原料、养殖场饲料等。其中，饲料添加剂和添加剂预混合饲料是饲料的核心部分，它决定着饲料的营养平衡性和安全性(李德发等，2000)。从食物链的角度看，饲料既是动物生长的营养来源又是人类的间接食品。饲料的质量安全直接关系到养殖户的正常发展，关系到猪肉的质量安全，关系到对人体的危害和对环境的污染。所以饲料安全有着重要意义。

一般而言，饲料安全通常是指饲料中不含有对养殖动物的健康和生产性能造成实际危害且不会在养殖动物中残留、蓄积和转移的有毒、有害物质或因素。饲料以及利用饲料生产的动物产品，不会危害人体健康或对人类的生存环境产生负面影响。虽然我国的饲料安全工作不断加强，但是从目前来看，我国的饲料安全问题还远没有解决。饲料在生产、流通和使用中仍存在着严重的安全隐患，各种人为因素以及非人为因素仍然对饲料安全构成严重威胁。在以下两个方面问题最为严重。

1. 非法使用违禁药品

添加的违禁药品主要包括激素类药品(如盐酸克伦特罗、雌激素、碘化酪蛋白等)、镇定类药品(如甲苯喹唑酮、安定等)、抗生素类药品(如磺胺、氯霉素等)。农业部副部长陈晓华在 2011 年 11 月 12 日开幕的第九届中国食品安全年会上表示，2011 年侦破瘦肉精案件 125 起，抓获犯罪嫌疑人 980 余人，查获瘦肉精非法生产线 12 条，捣毁非法加工仓储窝点 19 个，查处涉案企业 30 余家，缴获瘦肉精成品 2.5 吨。

孟凡生(2010)对山东临沂市区的猪肉及猪组织(内脏)进行了瘦肉精残留量检测，随机选取了 10 个农贸市场上 50 份猪瘦肉、40 份猪肝、36 份猪肺、18 份猪肾、18 份猪骨及 5 个屠宰场(点)35 份猪血和猪毛，发现该地区猪肉产品瘦肉精残留量普遍超标。其中，猪毛、猪肺、猪肾中瘦肉精浓度＞1.0 ng/g 的检出率分别达到 37.1％、30.6％、22.2％。

除了瘦肉精，另一个严重的饲料问题是抗生素。我国生产的抗生素，有一半用于畜牧养殖业。中国社会科学院农村发展研究所尹晓青副研究员通过对山东、辽宁等部分畜禽养殖户的实证研究，发现养殖户为了避免生猪感染疾病，50％的养殖户饲喂生猪含有大量抗生素、激素等物质的饲料。中国农业科学院饲料研究所齐广海研究员认为，饲料中抗生素的合理使用能够起到提高动物生产性能，改善饲料转化效率，预防疾病等作用。不过，长期使用抗生素将带来较严重的负面结果：其一，病菌产生耐药性问题；其二，破坏生猪免疫系统，提高死亡概率；其三，生猪体内残留药物，给食用者带来危害。事实上，猪肉中的药物残留包含两个层面：其一，过量使用抗生素；其二，没有经过允许，非法添加某类抗生素。北京大学临床药理研究所肖永红教授等人经过调查推算出我国每年生产抗生素所用的原料约21万吨，其中有9.7万吨抗生素用于畜牧养殖业，占年总产量的46.2%。肖永红教授表示，滥用抗生素是一个世界性的问题，但在中国更严重些。

2. 超范围或过量使用饲料添加剂

1999年，农业部公布了《允许使用的饲料添加剂品种目录》(农业部第05号公告)，但仍有一些企业和个人将未经审定公布的饲料添加剂用于饲料生产，潜在的安全问题不容低估。例如，超量添加铜、硒、砷制剂，不仅会造成动物中毒，而且可通过动物的排泄，造成土壤、水源和农产品等的污染，进而影响人体健康(王宗元等，1997)。

饲料安全中存在的超范围或过量使用饲料添加剂、饲料污染等问题会造成猪肉中重金属残留的超标。吴萍等(2011)对南京的农贸市场和大型超市的猪肉进行随机抽样研究，检测猪肉腿肌中重金属及部分矿物质微量元素的含量，结果表明，南京部分猪肉产品中存在一定的铅超标现象，超标率达38.46%，所检猪肉产品中锰的含量较低，锌的含量较高。肖骞等(2008)对深圳各市区指定监测点、超市和农贸市场的食品进行了检测，检测发现，牲畜类食品铅、镉、无机砷、铬4种物质超标率为46.88%。据业界专家的研究，国内存在莱克多巴胺(瘦肉精)、抗生素、重金属、消毒药等的滥用。下面，列举2例相关事件。

事件1：广东茂名150吨病死猪肉流入深圳，兽药超标12倍①

2013年7月22日，深圳市场监督管理局向深圳公安机关移送一条案件线索，反映某农贸市场一冻品批发行销售的“排骨粒”(猪排骨的切断小件)不符合食品安全标准。深圳公安局已于8月8日抓获了相关涉案人员，捣毁了涉案的肉品加工黑窝点，现场查获未销售的冷冻“排骨粒”三千余公斤及大量销售单据。经鉴定，上述“排骨粒”的土霉素含量超标12倍。(土霉素为兽药成分，超标可能会造成人体肝脏损害等危害) 在案件破获前，茂名当地已经有150吨病死猪肉流入深圳市场。

---

① 来源：新华网(http：//news. xinhuanet. com)，2013-09-01。

事件2：广州瘦肉精中毒事件[①]

2009年2月19日广州开始出现瘦肉精中毒事件，事件累计发病人数70人。公安机关对涉案的6名生猪经营者进行传讯，对涉嫌生产、销售不符合卫生标准食品的3名嫌疑人呈批刑事拘留，并对其他涉案人员进行积极追踪调查。

经调查，此次瘦肉精中毒事件是由于个别不良生猪养殖户使用违禁瘦肉精饲喂生猪，生猪经销者伪造检疫合格证逃避检验，导致含瘦肉精残留的猪肉流入广州零售市场，最终导致大范围的中毒事件。

第二节　生猪屠宰环节：病死猪、注水猪肉问题

自《生猪屠宰管理条例》实施以来，商务部门及时出台了相应的配套规章和标准，使得生猪屠宰行业步入了法制化管理的轨道。十多年来，我国生猪屠宰行业经过多次专项整治，取得明显成效，生猪屠宰企业逐步减少，已由原来的10万多处减少到目前的2.1万处。但是，屠宰行业整体水平仍然较低。2009年底，商务部出台《全国生猪屠宰行业发展规划纲要(2010－2015)》，纲要提出，至2015年，全国手工和半机械化等落后的生猪屠宰产能淘汰50%。国家对屠宰行业的大力度调整，折射出目前屠宰行业给猪肉质量带来的诸多问题。

据商务部调查，在当前全国2.1万家生猪定点屠宰企业中，小型屠宰企业占44%、机械化屠宰企业仅占10%，82%的屠宰企业仍然是半机械或手工屠宰，屠宰企业设备简陋，检疫或流于形式，私屠滥宰、制售注水猪肉情况时有发生。[②]

一、病死猪流向市场

早在2008年，商务部、财政部就出台了《生猪定点屠宰厂(场)病害猪无害化处理管理办法》，提出了对病害猪无害化处理给予损失补贴和无害化处理费用补贴，并建立病害猪无害化处理监管系统。2009—2011年，全国规模以上生猪定点屠宰企业病害猪无害化处理量如表4-2所示。需要说明的是病害猪是指运送到屠宰企业时还活着的猪，病死猪是指运送到屠宰企业时已经死了的

① 来源：新华网(http://news.xinhuanet.com)，2009-02-21。

② 来源：全国屠宰行业管理信息系统(http://tzglsczxs.mofcom.gov.cn)。

猪。目前，官方没有公布对病死猪无害化处理的统计数据，仅公布了对病害猪无害化处理的统计数据。笔者认为，由于国家对病害猪的补贴是800元/头，对病死猪的补贴是80元/头，所以，病害猪无害化处理量可能高于病死猪无害化处理量。为了估计流向市场的病死猪数量，姑且用病害猪无害化处理量代替病死猪无害化处理量。

表 4-2　全国规模以上生猪定点屠宰企业病害猪无害化处理量(头)

	第一季度	第二季度	第三季度	第四季度
2009 年	124237	146488	161817	177625
2010 年	175662	184681	185982	194668
2011 年	176943	161982	167170	185968

数据来源：全国屠宰行业管理信息系统。

为了深入研究流向市场的病死猪数量，需要做一些基本假设。袁万良和刘丽(2003)对规模养殖场生猪死亡率做了调查研究，结果显示5个月中，5206头生猪共死亡105头，死亡率为2.02%。其中，体重在35千克以下的(不含35千克)31头，占29.52%；35～44千克的28头，占26.67%；45～59千克的34头，占32.38%；60千克以上的(含60千克)12头，占11.43%。根据中国畜牧业协会猪业分会会长、正大集团农牧企业中国区副董事长姚民仆的调查，我国生猪行业生猪死亡率为10%～12%，有的规模养殖场的死亡率甚至超过20%，而发达国家生猪死亡率的平均水平在5%以下。基于此，本书做如下假设：生猪出栏时间为6个月，病死猪平均体重40千克，出肉率70%，病死率(生猪死亡数量与存栏量比例)取值1%～8%。

存栏量数据来自于农业部畜牧业司提供的每月存栏量，将每年1～6月的平均值作为上半年值，7～12月的平均值作为下半年值；无害化处理量来源于全国屠宰行业管理信息系统，取第一季度与第二季度总和作为上半年值，第三季度与第四季度总和作为下半年值(如表4-3所示)。

表 4-3　2009—2011 年生猪情况

	2009 年		2010 年		2011 年	
	上半年	下半年	上半年	下半年	上半年	下半年
存栏量(万头)	45272	46105	44320	44987	44918	47055
无害化处理量(头)	270725	339442	360343	380650	338925	353138
猪肉总产量(吨)	48908000		50712000		50530000	

利用基本假设及表 4-3 所列数据，可算出未处理的病死猪猪肉量(如表 4-4 所示)。基本思路为：(存栏量×病死率－无害化处理量)×重量×出肉率。即使在病死率为 1%的条件下，2009 年、2010 年、2011 年 3 年未处理的病死猪猪肉量分别为 238770.92 吨、229311.80 吨和 238146.64 吨，这些数量是惊人的。将表 4-4 的数据分别与猪肉总产量做比较，得到未处理的病死猪猪肉量占猪肉产量的比重(如表 4-5 所示)。可以看出，当病死率为 2%时，可能有近 1%的猪肉是病死猪肉。事实上，我国生猪病死率至少在 4%以上，所以，我们日常消费的猪肉中至少有 2%是病死猪肉。

表 4-4　2009—2011 年不同病死率条件下未处理的病死猪猪肉量(吨)

	1%	2%	3%	4%	5%	6%	7%	8%
2009 年	238770.92	494626.52	750482.12	1006337.724	1262193.324	1518048.924	1773904.524	2029760.124
2010 年	229311.80	479371.40	729431.00	979490.596	1229550.196	1479609.796	1729669.396	1979728.996
2011 年	238146.64	495671.04	753195.44	1010719.836	1268244.236	1525768.636	1783293.036	2040817.436

表 4-5　2009—2011 年不同病死率条件下未处理的病死猪猪肉量占猪肉产量的比重(%)

	1%	2%	3%	4%	5%	6%	7%	8%
2009 年	0.49	1.01	1.53	2.06	2.58	3.10	3.63	4.15
2010 年	0.45	0.95	1.44	1.93	2.42	2.92	3.41	3.90
2011 年	0.47	0.98	1.49	2.00	2.51	3.02	3.53	4.04
均值	0.47	0.98	1.49	2.00	2.51	3.01	3.52	4.03

通过图 4-2 可以发现，病死猪猪肉量占猪肉产量的比重与病死率几乎呈线性关系。2009 年、2010 年和 2011 年的相关系数分别为 0.51、0.48 和 0.50，即当生猪病死率提高 1%，病死猪猪肉量占猪肉产量的比重分别提高 0.51%、0.48%和 0.50%。可见，控制病死猪流入市场，对猪肉质量安全有着重要作用。

关于病死猪流入市场的新闻报道层出不穷。2011 年 7 月至 2012 年 3 月，福建警方侦破一系列病死猪案件，查获病死猪肉 1300 余吨、制成品 480 余吨。[①] 2012 年 5 月，湖南桃江、安化警方破获一起病死猪肉制售案件，销毁病

① 来源：北京晚报，2012-03-27。

死猪肉及肉制品 13800 公斤，已查实该团伙制售病死猪肉制品 51563 公斤。[①] 2012 年 6 月，江苏宜宾警方捣毁 7 个制贩病死猪肉黑窝点，现场查扣焚毁病死猪肉近 2 吨，查扣冻库问题猪肉 20 余吨。[②] 下面，列举 2 例关于病死猪猪肉流向市场的事件。

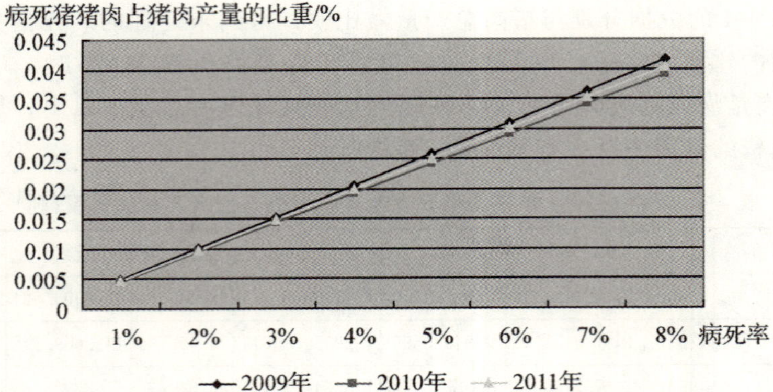

图 4-2　2009—2011 年病死猪猪肉量占猪肉总量比重情况

事件 1：病死猪肉制成牛肉干[③]

内蒙古的病死猪肉、徐州的狐狸肉、山东的母猪肉……这些肉类，人们往往避而远之，但四川广安的一家公司却靠它们发起了横财。低价买来，加上些许牛肉、牛肉香精，它们摇身变成了人们喜爱的牛肉干。从 2011 年 8 月至 2013 年 5 月左右，广安一家公司低价购买了病死猪肉、狐狸肉及母猪肉共计 388 吨，其中的 357 吨被制成牛肉干，并按每吨 48000 元、52000 元不等的价格卖出，销售金额高达 500 多万元。

为掩人耳目，涉事公司主管人员在和 60 多人无真实牛肉交易的情况下，虚构采购牛肉事实，并虚开农产品收购发票。最终，相关部门对已完成生产但未销售的牛肉干进行检测发现，其菌落总数、金黄色葡萄球菌均不符合要求。

2013 年 9 月 11 日，该案在广安中级人民法院公开宣判。因犯生产、销售伪劣产品罪和虚开用于抵扣税款发票罪，3 名主要涉案人员分别获刑 19 年、

① 来源：法制日报，2012-05-31。

② 来源：商务部生猪等畜禽屠宰统计监测系统(http：//tzrpscyxs. mofcom. gov. cn/_news/2012/6/1339987824489. html)。

③ 来源：华西都市报，2014-09-12。

16年和3年，并分别被处以罚金300万元、300万元和5万元。同时，其公司被处罚金500万元。

事件2："黑商"加工销售18万余公斤病死猪肉①

商贩以每公斤3元的价格从养殖企业、个体养殖户收购病死猪肉，加工后以每公斤10元的价格出售给农贸市场批发商、食品加工厂，病死猪肉就这样变身腌肉、香肠流向餐桌。至案发，涉案商贩共收购病死猪肉18万余公斤，加工成猪肉后的销售金额达84万余元。

在涉案的屠宰点冰库内，执法人员共查获猪肉12622公斤。经鉴定，该批猪肉为病死猪肉，不能食用，一旦食用，足以导致严重食物中毒或其他严重食源性疾病。

2014年8月萧山法院审理认定，10名涉案人员已构成销售伪劣产品罪，系共同犯罪，分别被判处有期徒刑一年零十个月至八年不等，受处罚金1.5万至90万元不等。

二、注水猪肉普遍存在

注水猪肉就是被注入清水、生产污水、工业色素、卡拉胶等物质的生猪产生的肉。注水方式可分为宰前注水和宰后注水。宰前注水的情况最多：一般是用抽水机把水从池子抽起来，通过水龙头直接抽进猪肚；或者是把水抽到房顶上的水池，在水池里加洗衣粉和盐，再用专业的高压水龙头把水灌进猪肚；还有就是把加了洗衣粉和盐的水装在水桶里悬在房梁上，用水管接进猪嘴。在水里加洗衣粉和盐，能使水渗透到猪的脂肪和细胞里，注入的水不会被排泄，也不会在宰杀时流出来。宰后注水一般是在屠宰放血后，通过颈动脉(或心脏)注入清水、生产污水、卤水、工业色素、防腐剂、卡拉胶等物质，或直接往屠宰后的肉中注水或用水浸泡。宰前被注水生猪少的被灌几斤，多的达二三十斤，甚至有的猪当场就被撑死了。

不法分子这样做的目的就是增加生猪体重，谋取不正当利润。给生猪灌水的成本几乎为零，但注水后每头猪却能多带来至少200元的利润。但是，这不仅仅是短斤少两的问题，而是严重危害了人体健康。首先，注水降低肉的品质。不洁净的水进入机体后，可引起机体细胞膨胀性破裂，蛋白质流失多，肉质中的生化内环境及酶生化系统受到破坏，使肉的尸僵成熟过程延缓，从而降

① 来源：澎湃新闻网，2014-08-27。

低了肉的品质。其次，易造成病原微生物的污染。猪胃肠注入大量水分后，猪的胸腔受到压迫，呼吸困难，造成其组织缺氧，机体处于半窒息和自身中毒状态，胃肠道内的食物会腐败，然后分解产生氨、胺、甲酚、硫化氢等有毒物质。同时，由于注入水中含有病原微生物，加上操作过程中缺乏消毒手段，易造成病菌、病毒污染，随着注入的水进入血液循环至机体的肌纤维中大量繁殖。这样不仅使肉的营养成分受到破坏，而且产生大量细菌毒素等物质。所以，注水猪肉不仅影响肉类原有的口味和营养价值，也加速了肉品的变质腐败，不易保存，对人体健康造成危害。

有的不法分子，更是猖獗。向生猪体内注入卡拉胶，甚至含有农药的污水。消费者一旦食用了过量添加卡拉胶的熟食制品则会妨碍人体对矿物质等营养素的吸收。例如，铁缺乏会造成贫血，引起智力发育的损害及行为改变，还可出现神经功能紊乱等。有的不法分子还在水中加入一些化学药品，以便水渗透到猪的脂肪和细胞里。长期吃含有农药的注水猪肉后，残留农药在人体内积蓄，会导致基因突变，严重的会致癌，对孕妇还会引起胎儿畸形等。

猪肉注水在中国已经存在20余年，已经成为行业潜规则。马晓艳等(2011)对猪肉注水情况进行了研究，采用中华人民共和国国家标准《肉与肉制品水分含量测定》(GB/T 9695.15－2008)，对苏州市场上的猪肉进行水分含量测定，结果发现苏州市场上猪肉水分含量超标率为7.14%。下面列举2例关于注水猪肉的事件。

事件1：含铝注水猪肉①

从2009年初至2011年5月19日的2年多时间内，为增加出肉率，5名嫌疑人在江苏徐州某处，生产、销售注入混合液的生猪12800头，按每头生猪200多斤算，检方的起诉书中认定嫌犯生产销售的注水猪肉达300万斤，销售金额1500余万元。

经检验，注水猪肉中挥发性盐基氮和水分的含量超过国家标准，并检测出对人体危害极大的铝成分。案情明了之后，检察机关以被告人生产、销售伪劣产品罪向法院提起公诉。

事件2：央视曝光兴化注水猪肉②

2014年5月7日晚，央视报道了福建兴化注水猪肉事件。报道称，兴化

---

① 来源：现代快报，2012-03-01。

② 来源：现代快报，2014-05-09。

一家屠宰场每晚给近200头活猪注水，并且检验过程造假。央视报道称，据知情人爆料，一头猪注3斤水，能多卖二十几块钱，屠宰场一晚能杀近200头猪，一天就可以多赚几千块钱。注水猪肉批发价每斤7块6左右，而没注水的猪肉批发价在8块6左右。商家拿注水猪肉到市场上，按照合格猪肉来卖，从中获取暴利。记者调查发现，这家屠宰场每天要宰杀近200头生猪，每天有上万斤注水猪肉从该屠宰场出场。

媒体曝光后，政府第一时间关闭了该屠宰场，并对相关责任人进行了调查，屠宰场3个人已被刑事拘留，工作人员正对屠宰场设备进行拆除。

第三节　猪肉零售环节：质量欺诈问题

猪肉零售企业主要包括农贸市场、大型超市及专卖店等几种业态形式。在农村，主要以农贸市场类型的业态为主要销售渠道；在城市，主要以大型超市为主要销售渠道，同时专卖店与农贸市场占一小部分。在三种类型的零售企业中，大型超市凭借其良好的硬件环境，越来越多地得到认同，成为消费者购买猪肉的主要渠道。但是，近几年零售企业特别是大型超市暴露出较多问题，如价格欺诈、虚假促销、产品质量欺诈等。

中国市场秩序网(http：//www.12312.gov.cn/)于2012年初发布了《2011年国内大型零售超市商业欺诈调研报告》，报告涉及的超市主要有家乐福、沃尔玛、大润发、乐购、联华、物美等，报告围绕超市价格欺诈、虚假促销、零供关系、诚信问题、超市食品安全等一系列问题展开调研。自2011年1月1日至2011年10月31日，通过对互联网信息的持续搜索，共采集与监测对象相关的网络信息29170条。其中，超市食品安全占26%，排在第2位，仅次于价格欺诈类信息。各大型超市关于食品质量安全的正、负面信息统计情如表4-6所示。网民对大型超市的食品质量安全关注程度，受天气的影响较大(如图4-3所示)，尤其是夏季，天气炎热，食品保鲜问题突出，负面信息较多。

表4-6　各大型超市关于食品质量安全的正、负面信息统计(条)

超市名称	负面	中性	正面	汇总
家乐福	923	1431	212	2566
沃尔玛	2508	1221	184	3913
大润发	149	341	37	527
乐购	180	551	180	911

续表

超市名称	负面	中性	正面	汇总
联华	244	958	241	1443
物美	142	652	162	956
其他超市	123	652	15	288
汇总	5568	1661	285	7514

数据来源：《2011 年国内大型零售超市商业欺诈调研报告》。

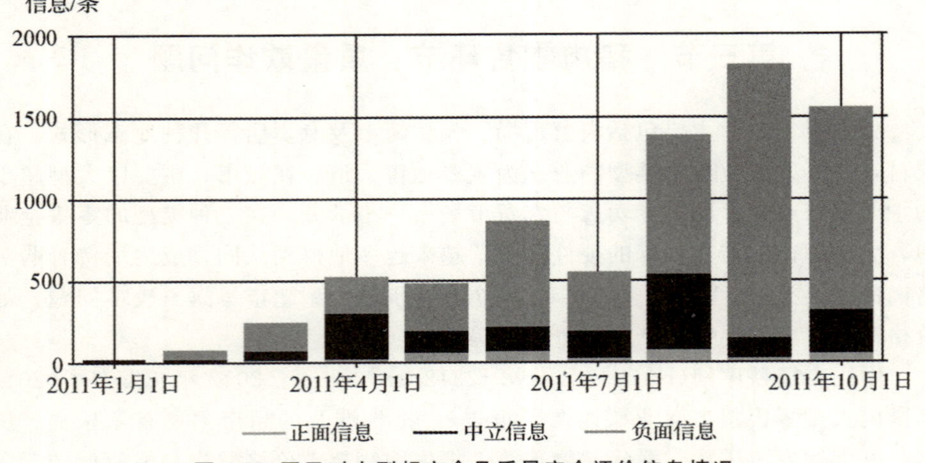

图 4-3 网民对大型超市食品质量安全评价信息情况

通过《2011 年国内大型零售超市商业欺诈调研报告》可以看出，在食品质量安全方面，网民的负面信息比重高达 74.1%，消费者对食品质量安全呈现出较多的不满意见。

在猪肉产品上面，大型超市及其他类型零售企业的欺诈行为主要表现为以次充好。最为典型的就是重庆沃尔玛严重的假冒绿色猪肉事件。自 2006 年以来，重庆沃尔玛因销售假冒的绿色猪肉被处罚多次。《焦点访谈》报道了 2011 年 8 月 24 日沃尔玛在重庆地区门店出现严重的假冒绿色猪肉事件。据重庆市工商部门对沃尔玛假冒绿色猪肉事件调查，从 2010 年 1 月(至 2011 年 8 月)以来，沃尔玛在重庆 10 家分店及 2 家收购的好又多分店假借绿色食品的名义，用普通冷却肉冒充绿色猪肉，售卖时间跨度长达 20 个月，涉案金额 195.25 万元，非法营利约 50.84 万元。[①]

综上所述，我国是猪肉生产大国，也是猪肉消费最多的国家，但是猪肉质量一直不容乐观。本章主要分析了我国目前猪肉质量安全方面存在的问题。在相关文献及统计数据分析的基础上，笔者认为我国猪肉质量安全方面存在的问题主要有：生猪疫情频发，养殖企业过量用药，以致猪肉药物残留超标；猪饲料普遍存在添加激素类、镇定类、抗生素类等违禁药品，同时存在因超范围或过量使用饲料添加剂而导致猪肉重金属残留超标问题；病死猪、注水猪肉的查处事件层出不穷，但问题仍在市场上广泛存在；在零售环节，存在以次充好的质量欺诈现象。下一章，将对导致这些问题出现的影响因素进行探讨。

① 来源：中国新闻网，2011-10-10。

第五章 影响控制猪肉质量安全的因素

我国猪肉质量安全存在较多问题，如药物残留超标、重金属残留超标、病死猪流向市场、零售企业质量欺诈等。为了解决这些问题，需要找出猪肉供应链上各节点企业的关键控制因素。本章的主要目的在于：探讨影响生猪养殖环节、生猪屠宰环节、猪肉零售环节中控制猪肉质量安全的主要因素。影响控制猪肉质量安全的因素可能很多，本书仅对每个环节的主要因素做分析，同时找出每个环节的瓶颈。

为了科学地分析影响控制猪肉质量安全的因素，确定一些因素之间的关系，采取实地调研的方式展开研究。笔者于 2011 年 3 月至 11 月，对辽宁一些养殖企业、屠宰企业及零售企业(农贸市场、大型超市、专卖店)进行了调研。调研采取走访、电话、填写调研问卷等多种方式，走访、电话的内容围绕调研问卷来展开。

第一节　生猪养殖环节的控制因素及瓶颈

本节对沈阳、大连、鞍山、营口、锦州、辽阳的 186 家养殖企业进行抽样调研。通过对调研样本的整理，探讨生猪养殖环节中影响控制猪肉质量安全的因素，并从宏观角度分析提高猪肉质量安全的瓶颈。

一、被访者基本情况

对被访者基本情况的统计整理如表 5-1 所示。

表 5-1　养殖企业被访者基本情况

项目	类型	受访人数(人)	所占比重(%)
性别	男	144	77.42
	女	42	22.58
年龄	25 岁及以下	13	6.99
	26～35 岁	54	29.03
	36～45 岁	46	24.73
	46 岁及以上	73	39.25
从事本行业年限	1～4 年	24	12.90
	5～8 年	123	66.13
	9 年及以上	39	20.97
职位	一般工人	12	6.45
	管理人员	174	93.55

二、控制猪肉质量安全的因素统计

在生猪养殖环节，本书将控制猪肉质量安全的因素归结为疫病防治水平、饲料质量水平、福利水平、种(仔)猪质量水平、政府对病死猪无害化处理的补贴、环境污染、管理水平几个方面。

疫病防治水平，主要考察由于疫病对生猪进行喂药、打针后，药物在生猪体内的残留对猪肉质量安全的影响。董银果和徐恩波(2006)用台湾爆发口蹄疫的案例实证了生猪传染性疫病对猪肉贸易的重大影响。他们认为，疫病预防和控制以及国际认可、国家兽医体制的控制能力以及生猪适度规模饲养是猪肉贸易健康发展的关键因素。蹇慧等(2006)认为，影响猪肉质量安全的主要因素有以下几个方面：第一是人畜共患疫病；第二是滥用或非法使用兽药及违禁药品；第三是农药和工业三废造成的有毒有害物质，如重金属残留的污染。一般认为，对生猪进行适当防疫，科学用量、严格掌握休药期，药物残留对猪肉质量安全的影响很小。但事实上，我国生猪疫病频发，养殖企业对疫病防控能力较低，大量用药，这可能严重影响了猪肉质量安全。

饲料质量水平，主要考察饲料里的违禁药品、过量使用饲料添加剂对猪肉质量安全的影响。饲料是生猪食物中必不可少的一部分。

福利水平，主要考察使生猪舒服、快乐地成长对其肉质的影响。相对而言，倡导母猪提供给仔猪足够长的哺乳期、为生猪提供良好的环境、增加生猪体育锻炼，不仅能有效预防各种疫病，同时也能提高猪肉的质量。

种(仔)猪质量水平，主要考察生猪品种对猪肉质量安全的影响。例如，大约克夏猪具有生长快、饲料利用率高、瘦肉率高，产仔较多等特点，但存在蹄质不坚实、多蹄腿病等缺点；皮特兰猪具有瘦肉率高，后躯和双肩肌肉丰满的特点；藏猪具有皮薄、胴体瘦肉率高、肌肉纤维特细、肉质细嫩、野味较浓、适口性极好等特点。

政府对病死猪无害化处理的补贴，主要考察政府对养殖企业的病死猪补贴对能否减少病死猪流向市场的影响。如果政府的补贴等于病死猪流向市场给养殖企业带来的收益，那么市场上将不会有病死猪出现。

环境污染，主要考察养殖企业周围环境对猪肉质量安全的影响。周围的环境包括空气质量、饮用水质量等。

管理水平，主要考察养殖企业管理者的管理水平对猪肉质量安全的影响。

通过调研，被访者对影响控制猪肉质量安全因素的认识情况如表 5-2 所示。可以看出，样本中所有被访者都认为疫病防治水平对猪肉质量安全有影响，98.92%的被访者认为饲料质量水平对猪肉质量安全有影响，80.65%的被访者认为福利水平对猪肉质量安全有影响。而对其他一些因素，被访者选择的比例不是很高。所以，通过调研，可以得出：在生猪养殖环节，控制猪肉质量安全的主要因素有疫病防治水平、饲料质量水平、福利水平。

表 5-2　被访者对影响控制猪肉质量安全因素的认识情况

影响猪肉质量安全的因素	选择人数(人)	所占比重(%)
疫病防治水平	186	100.00
饲料质量水平	184	98.92
福利水平	150	80.65
种(仔)猪质量水平	27	14.52
政府对病死猪无害化处理的补贴	37	19.89
环境污染	10	5.38
管理水平	42	22.58
其他	33	17.74

三、生猪养殖环节影响控制猪肉质量安全的瓶颈

生猪养殖环节控制猪肉质量安全的因素是从养殖企业内部、微观角度探讨的，针对整个养殖行业来说，提高猪肉质量安全的瓶颈(突破口)又是什么呢?通过之前的分析，可以知道，我国生猪养殖企业数量多，规模化程度不高，不利于政府监管，是我国猪肉质量不高的重要原因。所以，从宏观角度，政府监管养殖行业、提高猪肉质量的瓶颈在于能否实施规模化养殖。为了证明养殖企业规模与猪肉质量安全之间的关系，利用单因素方差分析来解释说明。

为了方便刻画猪肉质量安全的含义，本书引入每头母猪年提供出栏猪数量指标。对于每个养猪场而言，提高疫病防治水平、饲料质量水平、福利水平等指标，在一定程度上都是为了提高每头母猪年提供出栏猪数量。所以，本书利用每头母猪年提供出栏猪数量指标来刻画猪肉质量水平，不仅能剔除主观评价对指标的影响，而且也能较科学地说明两者之间的关系。同时，利用年出栏量来表示养殖企业规模。

利用单因素方差分析，探讨每头母猪年提供出栏猪数量与年出栏量之间的关系。被解释变量为每头母猪年提供出栏猪数量，解释变量为年出栏量。将解释变量定义为分类变量，即分成小于50头(不含50头)、50～499头、500～999头、1000～4999头、5000～9999头、1万头及以上。利用SPSS19.0软件，分析调研数据。

表5-3为不同规模养殖企业情况，描述了样本中不同规模养殖企业的数量及所占比重。表5-4为不同规模养殖企业每头母猪年提供出栏猪数量的统计分析，可以得出：每头母猪年提供出栏猪数量的平均值与年出栏量有正向关系；总体上，每头母猪年提供出栏猪11.94头。

表5-3　不同规模养殖企业情况

	规模	样本量(个)	所占比重(%)
年出栏量	小于50头(不含50头)	79	38.73
	50～499头	37	18.14
	500～999头	41	20.10
	1000～4999头	18	8.82
	5000～9999头	16	7.84
	1万头及以上	13	6.37

表 5-4 每头母猪年提供出栏猪数量的统计分析

年出栏量	平均值	标准差	样本量(个)
小于50头(不含50头)	8.70	1.697	79
50～499头	10.95	1.943	37
500～999头	14.02	1.851	41
1000～4999头	15.56	1.423	18
5000～9999头	16.19	1.905	16
1万头及以上	17.62	1.557	13
总计	11.94	3.582	204

表5-5为方差齐性检验结果，用来检验分类变量之间的方差是否齐同。Levene方差齐性检验的F值为0.940，在当前自由度下对应的Sig. 为0.456(大于0.05)，可以认为各个实验组内(以年出栏量划分的因变量)总体方差齐性(没有差异)，因此适合进行方差分析。

表 5-5 Levene 方差齐性检验

F值	自由度1	自由度2	Sig.
0.940	5	198	0.456

方差分析的结果，如表5-6所示。修正模型(Corrected Model)所对应的F值为127.937，Sig. 小于0.001，所以，所建立的方差分析(模型)具有统计意义。年出栏量对应的F值为127.937，Sig. 小于0.001，说明不同出栏量之间的每头母猪年提供出栏猪数量是有差异的。

表 5-6 方差分析

来源	第Ⅲ类平方和	自由度	均方	F值	Sig.
修正模型	1988.636	5	397.727	127.937	0.000
年出栏量	1988.636	5	397.727	127.937	0.000

为了进一步分析不同出栏量对因变量的影响，计算参数估计值(如表5-7

所示)。Sig. 均小于 0.05，说明各参数估计均有意义。SPSS 19.0 软件默认将编号取值最高的一类作为参照，所以年出栏量=6 对应的系数为 0。同时，从整个第二列的关系上来看，年出栏量由 1 至 6，对每头母猪年提供出栏猪数量的影响程度越来越大。可以得出：随着养殖企业规模的扩大，每头母猪年提供出栏猪数量呈现不断上升的趋势，至少在一定范围内是这样的。

表 5-7 参数估计

参数	B	标准误	Sig.	95% 置信区间	
				下限	上限
[年出栏量=1]	−8.919	0.528	0.000	−9.960	−7.879
[年出栏量=2]	−6.669	0.568	0.000	−7.790	−5.548
[年出栏量=3]	−3.591	0.561	0.000	−4.698	−2.484
[年出栏量=4]	−2.060	0.642	0.002	−3.325	−0.794
[年出栏量=5]	−1.428	0.658	0.031	−2.726	−0.130
[年出栏量=6]	0	—	—	—	—

综上所述，本节主要分析了在生猪养殖环节中影响控制猪肉质量安全的因素及瓶颈。对调研数据的分析表明：在生猪养殖环节中影响控制猪肉质量安全的主要因素为疫病防治水平、饲料质量水平、福利水平；制约猪肉质量安全水平的行业瓶颈为养殖规模，实施规模化养殖能够提高猪肉质量。事实上，规模化养殖在企业选址、建设、设备等方面都有一定的要求，防疫条件好，有利于疫病控制；规模养殖场大都是自繁自养，更有利于疫病控制；规模化养殖更便于科学养殖管理、规范化管理，有利于养殖生产水平的提高、经济效益的提高。这些都是小规模分散养殖无法做到的。

第二节 生猪屠宰环节的控制因素及瓶颈

截至 2010 年底，辽宁共有屠宰企业(生猪代宰类型)500 余家(如表 5-8 所示)。对辽宁沈阳、大连、鞍山、抚顺、锦州、营口、辽阳、盘锦的 173 家屠宰企业进行随机调研，通过对调研样本的梳理，探讨生猪屠宰环节中影响控制猪肉质量安全的因素，并从宏观角度分析提高猪肉质量安全的瓶颈。

表 5-8　辽宁各地区生猪定点屠宰企业情况

地区	屠宰企业(个)	未换证(个)	已换证(个)	整改中(个)	已取消(个)
沈阳	56	0	49	0	7
大连	13	7	6	0	0
鞍山	69	0	64	0	05
抚顺	36	5	0	30	1
本溪	16	0	9	5	2
丹东	69	0	43	22	4
锦州	73	0	34	2	37
营口	39	0	37	0	2
阜新	7	0	7	0	0
辽阳	34	0	30	0	4
盘锦	21	0	1	0	20
铁岭	85	0	69	4	12
朝阳	129	0	109	0	20
葫芦岛	79	0	76	0	3
总计	726	12	534	63	117

数据来源：全国屠宰行业管理信息系统，截至2010年底的统计。

一、被访者基本情况

对被访者基本情况的统计整理如表 5-9 所示。

表 5-9　屠宰企业被访者基本情况

项目	类型	受访人数(人)	所占比重(%)
性别	男	158	91.33
	女	15	8.67
年龄	25 岁及以下	16	9.25
	26～35 岁	34	19.65
	36～45 岁	43	24.86
	46 岁及以上	80	46.24

续表

项目	类型	受访人数(人)	所占比重(%)
从事本行业年限	1～4年	29	16.76
	5～8年	58	33.53
	9年及以上	86	49.71
职位	一般工人	94	54.34
	管理人员	79	45.66

二、控制猪肉质量安全的因素统计

根据《生猪屠宰管理条例》和《生猪屠宰企业资质等级要求》(SB/T 10396—2005)①，本书设计了6个控制猪肉质量安全的因素(生猪屠宰环节)，分别为屠宰前检疫检验水平，屠宰操作规程，出厂检验水平，运输条件，屠宰方式，环境、建设水平。

屠宰前检疫检验水平，主要考察屠宰企业是否能有效控制病死猪的情况。《生猪屠宰管理条例》第十条规定：生猪定点屠宰厂(场)屠宰的生猪，应当依法经动物卫生监督机构检疫合格，并附有检疫证明。

屠宰操作规程，主要考察屠宰企业是否按照国家规定的操作规程和技术要求进行操作。《生猪屠宰管理条例》第十一条规定：生猪定点屠宰厂(场)屠宰生猪，应当符合国家规定的操作规程和技术要求。

☆级生猪屠宰企业的屠宰操作规程要求。①设施、设备方面，应具备与屠宰加工相适应的待宰间、屠宰间、急宰间等；屠宰加工设备必须配备麻电器、悬挂输送机、猪屠体清洗装置、浸烫池、脱毛机(或剥皮机)、劈半工具；应有必要的检验设备、消毒设施及无害化处理设施；具备与屠宰规模相适应的污水处理设施；配备与生产能力相适应的专用运输车辆；在运输前后所有运输工具、容器必须进行清洗消毒。②屠宰加工方面，生猪屠宰加工工艺流程，应按生猪验收、待宰、淋浴、致昏、刺杀放血、烫毛、脱毛(剥皮)、清洗、修整、编号、雕圈、开膛、取内脏、清洗、去头、去蹄尾、摘三腺、劈(锯)半、修整、分级的顺序设置；生猪宰前检验应进行验收检验、待宰检验和送宰检验，

① 根据《生猪屠宰企业资质等级要求》(SB/T 10396—2005)，将生猪屠宰加工企业资质分为：☆级、☆☆级、☆☆☆级、☆☆☆☆级和☆☆☆☆☆级。

生猪在待宰期间的静养应按GB/T 17236的规定执行。③卫生控制方面，屠宰加工、检验人员应每年进行健康检查，并建立健康档案；屠宰加工、检验人员必须保持个人卫生、工作期间按照规定穿戴工作衣、帽、靴等；屠宰加工设备符合卫生要求，屠宰车间和加工设备按规定清洗消毒；屠宰时应做到胴体、内脏、头蹄不落地；屠宰车间应水量充足，加工用水符合GB5749。

☆☆☆☆☆级生猪屠宰企业的屠宰操作规程要求。①设施、设备方面，待宰间建筑面积应在2000 m^{2}以上，隔离间建筑面积应在15 m^{2}以上，屠宰车间建筑面积应在2000 m^{2}以上，分割车间建筑面积应在2000 m^{2}以上；分割车间应设有分割副产品暂存间；同步检验装置上的盘、钩，在循环使用中应设有热水消毒装置；应有全自动低压高频三点式致昏机、隧道式蒸汽烫毛、预干燥机和燎毛炉设备。②屠宰加工方面，分割加工应采用以下两种工艺流程：第一种，原料(二分胴体(片猪肉))快速冷却→平衡→二分胴体(片猪肉)接收分段→剔骨分割加工→包装入库；第二种，原料(二分胴体(片猪肉))预冷→二分胴体(片猪肉)接收分段→剔骨分割加工→产品冷却→包装入库。原料(二分胴体(片猪肉))先冷却后分割时，原料应冷却到中心温度不高于7℃时方可进入分割剔骨工序。原料先预冷再分段剔骨分割时，分割肉产品应冷却到7℃时方可进入包装工序。③卫生控制方面，应建立产品质量安全信息追溯系统；产品质量应符合GB18406.3标准中的规定要求。

出厂检验水平，主要考察屠宰企业的肉品品质检验管理制度是否完善、严格。《生猪屠宰管理条例》第十三条规定：生猪定点屠宰厂(场)应当建立严格的肉品品质检验管理制度。☆级生猪屠宰加工企业的出厂检验要求：生猪宰后检验应进行头部、体表、内脏、寄生虫、胴体初检、胴体复检，并加盖检疫和肉品品质检验验讫标志。生猪屠宰后检验出不合格产品，按《肉品卫生检验试行规程》、GB/T17996和GB 16548的规定执行。

屠宰方式，主要考察被调研对象对吊挂宰杀、电击晕法、二氧化碳致晕法的认识情况。活猪吊挂宰杀是我国比较传统的生猪宰杀方式，目前规模较小的屠宰企业还在使用此方法。活猪吊挂宰杀时，生猪会剧烈挣扎，嚎叫声较大。不仅易造成员工受伤，放血操作困难，而且其噪音会影响员工健康。电击晕法是目前使用最为广泛的宰杀方式，此方法可以使猪在很短时间内进入昏迷状态，整个刺杀放血过程在昏迷状态下进行，从而减少生猪痛苦，符合动物福利要求。同时，也可减少猪的应激反应，改善肉品质量，减少断骨、瘀血等现象。二氧化碳致晕法的原理是在空气中充入二氧化碳气体，在生猪高浓度二氧化碳窒息后进行放血操作。与电击晕相比，使用二氧化碳致晕的生猪，应激少，产生的肌肉痉挛少，肉品品质较好。但此方法会产生内脏发黑等问题，不利于副产品的生产和销售(李红民等，2011)。

环境、建设水平，主要考察屠宰企业的总体布局、屠宰企业周围环境卫生情况。生猪屠宰企业的环境、设计应符合 GB50317 的要求。

运输条件，主要考察屠宰企业在运输产品的过程中，对肉品温度的控制情况。☆级生猪屠宰企业的运输条件要求：鲜肉装运前应铺开冷却到室温；运输工具应该保持清洁卫生，符合食品卫生要求；产品运输应使用肉品专用运输工具，并采用吊挂方式运输。☆☆☆☆☆级生猪屠宰加工企业的运输条件要求(与☆☆☆☆级相同)：冷却肉装运前应该将产品温度降低至 0～4℃范围内；将冷却肉从一个保鲜库运送到另一个保鲜库或从保鲜库到零售商的过程中，运输时间少于 4 小时的，可采用保温车(船)运输，但应加冰块以保持车厢温度；时间长于 4 小时的，运输设备必须能使产品保持在 0～4℃；冷却肉运输时间不超过 24 小时；冷却肉运输时无论运途长短，运输车必须配有自动温度记录仪器，以便及时对车厢内温度进行调控。

通过对 173 份屠宰企业调研问卷的整理，被访者对影响控制猪肉质量安全因素的认识情况如表 5-10 所示。可以看出，屠宰前检疫检验水平、屠宰操作规程和出厂检验水平 3 个因素被选次数最多，分别占总数的 90.75%、98.27%和 89.02%，而其他 4 个因素相对较少。根据调研结果，在屠宰环节控制猪肉质量安全的最重要的因素是：屠宰前检疫检验水平、屠宰操作规程和出厂检验水平。这 3 个因素包含了屠宰环节最主要的步骤，是一个屠宰企业控制猪肉质量的关键。

表 5-10　被访者对影响控制猪肉质量安全因素的认识情况

影响因素	选择人数(人)	所占比重(%)
屠宰前检疫检验水平	157	90.75
屠宰操作规程	170	98.27
出厂检验水平	154	89.02
卫生控制	88	50.87
设施和设备	90	52.02

续表

影响因素	选择人数(人)	所占比重(%)
运输条件	73	42.20
屠宰方式	31	17.92
其他	46	26.59

三、生猪屠宰环节影响控制猪肉质量安全的瓶颈

通过上文的阐述，可以初步得出结论：在生猪屠宰环节，规模化是提高屠宰过程的可控性、保障猪肉质量安全的最核心的问题。下面将通过对调研数据的简单处理，验证屠宰企业规模与猪肉质量安全之间的关系是否显著。

将屠宰企业规模按照年屠宰能力划分成6个级别：小于1万头(不含1万头)、1万～2万头(不含2万头)、2万～10万头(不含10万头)、10万～20万头(不含20万头)、20万～50万头(不含50万头)、50万头及以上，定义为名义变量，为解释变量。屠宰前检疫检验水平、屠宰操作规程和出厂检验水平定义为被解释变量，取值范围均为0～1(0代表水平特别低，1代表水平特别高)，取值越大说明屠宰企业的这个指标越好。利用 Pillai's Trace，Wilks' Lambda，Hotelling's Trace，Roy's Largest Root 统计量，来检验不同屠宰企业规模对猪肉质量安全是否有显著影响。将调研数据录入 SPSS 19.0 软件，分析结果如下。

表5-11是对不同规模屠宰企业调研数量的统计，可知在样本中2万～10万头规模的屠宰企业最多，占24.28%。表5-12是屠宰前检疫检验水平、屠宰操作规程、出厂检验水平3个指标在不同规模屠宰企业的统计分析，通过平均值可以得出：随着屠宰企业规模的增大，3个指标都显著提高。

表5-11　不同规模屠宰企业数量

		年屠宰量	样本量(个)	所占比重(%)
等级	1	小于1万头(不含1万头)	30	17.34
	2	1万～2万头(不含2万头)	28	16.18
	3	2万～10万头(不含10万头)	42	24.28
	4	10万～20万头(不含20万头)	34	19.65
	5	20万～50万头(不含50万头)	19	10.98
	6	50万头及以上	20	11.56

表 5-12　各指标的统计分析

	年屠宰量	平均值	标准差
屠宰前检疫检验水平	小于 1 万头(不含 1 万头)	0.8983	0.01967
	1 万～2 万头(不含 2 万头)	0.9511	0.01499
	2 万～10 万头(不含 10 万头)	0.9707	0.01045
	10 万～20 万头(不含 20 万头)	0.9844	0.01561
	20 万～50 万头(不含 50 万头)	0.9968	0.00478
	50 万头及以上	0.9990	0.00308
	总计	0.9638	0.03621
屠宰操作规程	小于 1 万头(不含 1 万头)	0.5083	0.15596
	1 万～2 万头(不含 2 万头)	0.6536	0.04066
	2 万～10 万头(不含 10 万头)	0.8002	0.03016
	10 万～20 万头(不含 20 万头)	0.9700	0.01633
	20 万～50 万头(不含 50 万头)	0.9863	0.00895
	50 万头及以上	0.9970	0.00470
	总计	0.8024	0.19241
出厂检验水平	小于 1 万头(不含 1 万头)	0.8097	0.03899
	1 万～2 万头(不含 2 万头)	0.8357	0.06362
	2 万～10 万头(不含 10 万头)	0.9357	0.01417
	10 万～20 万头(不含 20 万头)	0.9712	0.01552
	20 万～50 万头(不含 50 万头)	0.9911	0.00809
	50 万头及以上	0.9970	0.00470
	总计	0.9178	0.07807

表 5-13 为 Pillai's Trace，Wilks' Lambda，Hotelling's Trace，Roy's Largest Root 4 种统计量检验结果。可以看出，4 种检验结果相同。表格中对模型截距项的假设检验结果 Sig. 都小于 0.001，说明当自变量(屠宰规模)取值为 0 时，因变量取值不为 0，也就是说屠宰前检疫检验水平、屠宰操作规程和出厂检验水平不为 0。对年屠宰量的统计检验 Sig. 都小于 0.001，说明屠宰能力对猪肉质量的影响具有统计学意义，也就是说不同屠宰能力屠宰企业的猪肉质量具有显著差异。

表 5-13 各指标的统计检验

	统计量	取值	F 值	Sig.
截距	Pillai's Trace	1.000	338591.985	0.000
	Wilks' Lambda	0.000	338591.985	0.000
	Hotelling's Trace	6156.218	338591.985	0.000
	Roy's Largest Root	6156.218	338591.985	0.000
年屠宰量	Pillai's Trace	1.397	29.097	0.000
	Wilks' Lambda	0.045	63.331	0.000
	Hotelling's Trace	12.566	137.110	0.000
	Roy's Largest Root	11.922	398.183	0.000

综上所述，本节主要分析了在生猪屠宰环节中影响控制猪肉质量安全的因素及瓶颈。对调研数据的分析表明：在生猪屠宰环节中影响控制猪肉质量安全的主要因素为屠宰前检疫检验水平、屠宰操作规程、出厂检验水平；制约猪肉质量安全水平的行业瓶颈为屠宰企业的规模。实践表明，规模以上的屠宰企业机械化程度都非常高。从食品质量安全的角度来看，规模化的屠宰企业，有利于采用先进的生产和检验设备，实行严格和精细的管理，使生产中的安全性风险能得到更有效的控制，规模化、机械化的生猪屠宰比手工屠宰更安全。

第三节 猪肉零售环节的控制因素及渠道的特殊作用

我国零售企业在销售猪肉产品方面，有些存在以次充好等质量欺骗问题。为了探讨这些问题的影响因素，同时验证不同销售渠道的猪肉质量是否有差异，对沈阳、大连、鞍山、抚顺、锦州、营口、辽阳、盘锦的115家零售企业进行调研。调研对象为农贸市场中销售猪肉的人员和大型超市中销售猪肉的人员、猪肉专卖店工作人员。

一、被访者基本情况

对被访者基本情况的统计整理如表 5-14 所示。

表 5-14　零售企业被访者基本情况

项目	类型	受访人数(人)	所占比重(%)
性别	男	21	18.26
	女	94	81.74
年龄	25 岁及以下	9	7.83
	26～35 岁	17	14.78
	36～45 岁	41	35.65
	46 岁及以上	48	41.74
从事本行业年限	1～4 年	20	17.39
	5～8 年	74	64.35
	9 年及以上	21	18.26
职位	一般工人	39	33.91
	管理人员	76	66.09

二、控制猪肉质量安全的因素统计

根据相关研究成果，本书将猪肉零售环节影响控制猪肉质量安全的因素归结为入市检验水平、质量追溯水平、诚信水平、销售环境、与屠宰企业的合作程度 5 个方面。

入市检验水平，就是零售企业对进入本企业猪肉质量的检测、监督管理水平。如果零售企业能建立由质量控制中心、门店质量检测和柜台销售人员质量把关的多层次、全方位的质量监督管理网络，并配备先进、快捷的猪肉质量安全检测设备，那么不安全猪肉将很难流入消费者的餐桌。

质量追溯水平，是考察零售企业销售的猪肉是否具有可溯性的指标。猪肉可溯性是指消费者凭借购物小票，即可方便查出该猪肉的屠宰企业、养殖企业以及在养殖过程中所用的饲料、所注射的疫苗等各种关键细节信息。猪肉质量追溯，能够很好地约束猪肉供应链各节点企业对质量进行严格控制，对问题猪肉能够有的放矢地查处，维护消费者权益和市场经济秩序。

诚信水平，主要考虑猪肉兼有搜寻品、经验品和信用品的性质。相对消费者而言，零售企业掌握着关于猪肉质量安全较多的信息。诚信水平，考察的就是零售企业能否将猪肉质量的客观评价告知消费者。零售企业应该将诚信放在首要的位置，在信用基础上生存、发展，才是科学的经营思路。

销售环境，主要指保障猪肉质量安全所必要的硬件条件，即冷链配送存储系统和良好的操作间环境。主要要求冷藏柜和冷藏车箱内的温度在0～4℃，猪肉从收货到入冷库的时间不得超过30分钟；冷藏柜、冷藏车厢和刀具要定期严格清洗与消毒；操作间的设计、卫生指标应符合卫生要求，温度不超过18℃；操作人员要符合卫生要求并定期进行健康检查(王继永等，2008)。

与屠宰企业的合作程度，主要考察零售企业是否与屠宰企业建立稳定的合作伙伴关系。一般认为，零售企业与屠宰企业建立良好的战略合作伙伴关系，有利于控制猪肉质量安全；如果零售企业与屠宰企业关系不密切或合作时间较短，不利于保证猪肉质量安全。

通过对115份样本的整理，被访者对影响控制猪肉质量安全因素的认识情况如表5-15所示。可以看出，选择入市检验水平、质量追溯水平和诚信水平3个指标人数所占比重分别为93.91%、95.65%、86.09%，这3个指标是影响猪肉质量安全的主要因素。

表5-15　被访者对影响猪肉质量安全因素的认识情况

	选择人数(人)	所占比重(%)
入市检验水平	108	93.91
质量追溯水平	110	95.65
诚信水平	99	86.09
销售环境	71	61.74
与屠宰企业的合作程度	37	32.17
其他	21	18.26

三、不同销售渠道的猪肉质量差异情况

一般来说，消费者购买猪肉的主要渠道是农贸市场(或类似市场)、大型超市和猪肉专卖店。为了分析这3种渠道的猪肉质量是否具有显著差异，本研究使用Pillai's Trace，Wilks' Lambda，Hotelling's Trace，Roy's Largest Root统计量进行检验。因变量为入市检验水平、质量追溯水平和诚信水平，自变量为销售渠道。因变量取值范围为0～1(0代表水平特别低，1代表水平特别高)，设定为基数变量；自变量取值农贸市场＝1，大型超市＝2，猪肉专卖店＝3，设定为名义变量。将调研数据录入SPSS 19.0软件，分析结果如下。

表 5-16 是对所调研的零售企业的统计，其中农贸市场、大型超市、猪肉专卖店分别占 30.43%、41.74%和 27.83%。表 5-17 为各指标在不同销售渠道中的统计分析，可以看出 3 个指标在不同的销售渠道中，均呈现出农贸市场最低、大型超市居中、猪肉专卖店最高的现象。也就是说，按照猪肉质量由低到高的顺序排列，农贸市场的猪肉质量最低，大型超市居中，猪肉专卖店最高。

表 5-16　不同销售渠道零售企业数量

		销售渠道	样本量(个)	所占比重(%)
取值	1	农贸市场	35	30.43
	2	大型超市	48	41.74
	3	猪肉专卖店	32	27.83

表 5-17　各指标的统计分析

	销售渠道	平均值	标准差
入市检验水平	农贸市场	0.8794	0.05472
	大型超市	0.9613	0.04384
	猪肉专卖店	0.9787	0.02579
	总计	0.9412	0.06000
质量追溯水平	农贸市场	0.2714	0.15012
	大型超市	0.7781	0.14586
	猪肉专卖店	0.9718	0.02795
	总计	0.6778	0.30807
诚信水平	农贸市场	0.7009	0.13012
	大型超市	0.9665	0.05257
	猪肉专卖店	0.9572	0.03804
	总计	0.8830	0.14576

表 5-18 为 Pillai's Trace，Wilks' Lambda，Hotelling's Trace，Roy's Largest Root 4 种统计量检验结果。可以看出，4 种检验结果相同。表格中对模型截距项的假设检验结果 Sig. 都小于 0.001，说明当自变量(销售渠道)取值为 0 时，因变量取值不为 0，也就是说入市检验水平、质量追溯水平和诚信水平不

为 0。对销售渠道的统计检验结果 Sig. 都小于 0.001，说明 3 种不同的猪肉销售渠道对猪肉质量的影响具有统计学意义，也就是说不同销售渠道的猪肉质量具有显著差异。

表 5-18　各指标的统计检验

	统计量	取值	F 值	Sig.
截距	Pillai's Trace	0.998	21718.168	0.000
	Wilks' Lambda	0.002	21718.168	0.000
	Hotelling's Trace	592.314	21718.168	0.000
	Roy's Largest Root	592.314	21718.168	0.000
销售渠道	Pillai's Trace	1.020	38.476	0.000
	Wilks' Lambda	0.101	78.783	0.000
	Hotelling's Trace	7.720	140.246	0.000
	Roy's Largest Root	7.562	279.796	0.000

综上所述，本节主要分析了在猪肉零售环节中影响控制猪肉质量安全的因素及不同销售渠道的猪肉质量是否具有显著差异。对调研数据的分析表明：在猪肉零售环节控制中影响猪肉质量安全的主要因素为入市检验水平、质量追溯水平和诚信水平；在三种销售渠道中，农贸市场的猪肉质量最低，大型超市居中，猪肉专卖店最高，而且差异是显著的。

本章从养殖企业、屠宰企业、零售企业三个层面分析了影响控制我国猪肉质量安全的因素。基于对辽宁省 186 家养殖企业、173 家屠宰企业和 115 家零售企业的调研数据，采用方差分析方法，最后得出如下结论：在生猪养殖环节中影响控制猪肉质量安全的主要因素为疫病防治水平、饲料质量水平、福利水平，制约猪肉质量安全水平的行业瓶颈为养殖规模；在生猪屠宰环节中影响控制猪肉质量安全的主要因素为屠宰前检疫检验水平、屠宰操作规程、出厂检验水平，制约猪肉质量安全水平的行业瓶颈为屠宰企业的规模；在猪肉零售环节中影响控制猪肉质量安全的主要因素为入市检验水平、质量追溯水平和诚信水平，不同零售渠道中，农贸市场的猪肉质量最低，大型超市居中，猪肉专卖店最高。通过对不同环节的主要因素进行控制，可以提高猪肉质量安全。

第六章

消费者对不同质量猪肉态度及影响因素

按消费者获得商品信息的途径，可以将商品分为三类：搜寻品、经验品和信用品(Michael R. Darby and Edi Karni，1973)。搜寻品是指购买前消费者已掌握充分的信息；经验品是指只有购买后才能判断其质量的商品；信用品是指购买后也不能判断其品质的商品。猪肉的搜寻品特性表现为新鲜程度、肥瘦、品牌、包装、产地、价格等，消费者凭感官即可辨别，信息搜寻成本极低；猪肉的经验品特性无法在事前做出评价，甄别的依据主要靠食用后可能出现的不良反应(如头晕、恶心、腹泻等)，不良反应造成的损失构成了经验品的信息费用；猪肉的信用品特性(如激素、抗生素、药物残留等)既不能凭感官观测，也不能依靠体验短期内察觉，对信用品特性的甄别需要特定的检测手段。由于消费者无法在食用前甄别猪肉的经验品特性，一定时间内无法甄别信用品特性，所以来自第三方的质量认证信号就成为消费者判断猪肉质量的主要依据。对食品加贴不同种类的标签标识都有助于提高消费者的效用水平，可以改变消费者对原品质特征的支付意愿(王怀明等，2011)。鉴于此，本研究用质量认证信号(无公害猪肉、绿色猪肉、有机猪肉)来刻画猪肉的不同质量水平。本章基于辽宁省 808 个样本，利用二元逻辑斯蒂回归分析方法，探讨消费者对质量认证信号的态度及影响因素，帮助猪肉供应链各节点企业深刻认识消费者对高质量猪肉的购买意愿。

第一节　现有研究成果综述

食品质量认证制度作为一种降低交易费用的制度安排，既是传递质量信息的辅助手段，也是一种有效的甄别机制(樊根耀和张襄英，2005)。食品质量认证信号制度能否有效运行，一方面取决于政府的实施力度和监管力度，另一方面也取决于消费者对质量认证信号的认知程度、认可程度及支付意愿。关于消费者对质量认证信号的认知程度、认可程度及支付意愿的研究，主要集中在两个方面。

一个方面是消费者对质量认证信号的支付意愿研究。很多研究者(Lauriol et al.，2003；Northen，2001；Calum et al.，2005)对质量认证、地理认证、食品标识、信息追溯体系等信号的显示作用及其有效性进行了研究。大多数研究者认为，当厂商提供的质量信息是消费者可观察的和可信赖的，或者能够有效地将食品的经验品或信用品特性转化为搜寻品特性时，质量信号显示功能才能发挥作用。袁晓菁和肖海峰(2010)认为我国猪肉质量安全可追溯系统存在法律法规不完善、社会认知水平较低、行业协会作用不够等问题。王怀明等(2011)以南京市猪肉消费为例，利用选择实验模型法对多种质量安全标识共存条件下的消费者支付意愿进行了研究，结果表明：消费者对质量安全标识的支付意愿较高；可追溯标识在一定程度上能够增加消费者对安全认证标识的信任度；地理标识对安全认证标识的支付意愿影响不大。

另一个方面是消费者利用质量认证信号的效果及其影响因素。主要是应用实证方法，探讨消费者个人特征和所处情境(时间约束、风险感知、购买经验与习惯等)对信号利用行为的影响。威尔达纳(Vildana)等(2012)利用美国1987—1988年的国家食品消费调查资料，分析了消费者利用食品标识信息的影响因素，指出家庭食品支出、家庭收入、家庭规模、受教育程度、居住地的差别以及健康意识等都对消费者利用食品标识信息有显著影响。麦克拉斯基(McCluskey)和洛雷罗(Loureiro)(2003)在研究消费者对生态标识、转基因食品标识、产地保护标识、疯牛病检测标识、公平贸易标识等的偏好和支付意愿后，强调了消费者对不同标识在质量感知上的差别以及产地或文化对质量感知的影响。邹传彪和王秀清(2004)对小农分散经营条件下不同类型的经济组织对农产品质量信号传递效率的影响进行了理论分析，认为提高农户经营的组织化程度能够促使质量认证信号在生产领域中更好传递。王志刚(2006)通过对北京超市购物消费者的调查发现，影响消费者对HACCP标识支付意愿的主要因素为价格、信息、风险意识、受教育程度和知识水平。

笔者认为，研究消费者对猪肉质量认证信号的利用，应该从最具影响力的信号入手。为提高质量认证信号的显示效果，有必要进一步了解哪些消费者愿意接受或能够利用质量认证信号以及哪些因素会影响消费者对食品质量认证信号的利用等问题。目前的相关文献中，针对消费者利用质量认证信号问题展开的实证分析较为缺乏；从无公害、绿色、有机角度研究质量认证信号的文献也比较缺乏；较全面研究消费者利用质量认证信号影响因素的研究更缺乏。通过本章的研究，希望回答以下两个问题：一是消费者选择猪肉时，利用质量认证信号的情况如何；二是影响消费者利用质量认证信号的因素是什么。

第二节　理论分析与方法选择

一、质量认证信号的界定

消费者购买食品时可利用的质量信号有多种。从信号发送主体看，主要有厂家信号、商家信号和质量认证信号。质量认证信号是指企业在外包装上加贴经第三方质量认证机构认证的质量安全标志，借此标志来向消费者传递质量信息。如果第三方质量认证机构具有良好的权威性和信誉保证，能够进行严格的质量评定与质量监督，那么借其认证传递的产品信息是消费者选择产品的重要依据。

目前我国猪肉市场使用的质量认证标志主要有无公害猪肉、绿色猪肉、有机猪肉、企业 HACCP 认证、企业 ISO 认证、GMP 认证和 QS 认证。其中无公害猪肉、绿色猪肉、有机猪肉针对的是猪肉质量，是划分猪肉质量的标准；企业 HACCP 认证、企业 ISO 认证和 GMP 认证侧重企业管理方面。本书涉及的猪肉质量认证信号仅指无公害猪肉、绿色猪肉和有机猪肉 3 种。其中，无公害猪肉是指质量符合《无公害农产品（食品）标准》(NY5029－2001) 中的相关标准，经农业部农产品质量安全中心认定，许可使用无公害农产品标识的猪肉；绿色猪肉是指经过中国绿色食品发展中心认定，符合绿色食品标准(NY/753－2003)，允许使用绿色食品标识的猪肉；有机猪肉是指经过相关部门认定，符合有机食品相关标准(GB/T 19630)，允许使用有机标识的猪肉。

二、影响消费者利用质量认证信号的因素

由于个人特质的不同、需求偏好的差异性，消费者是否选择带有质量认证信号的猪肉受到诸多因素的影响，这些因素总结如下。

1. 消费者个人特征

消费者个人特征主要包括性别、年龄、受教育程度、月均收入、居住地

等。一般来说，女性消费者对价格和广告比较敏感，消费比较感性化；男性消费者更加注重质量，比较理性。从年龄角度看，年轻的消费者对猪肉往往重视时尚，去大型超市购买猪肉的概率比较大；老年人对质量、价格比较敏感，可以很早地去早市，或者去离家较远的超市购物。受教育程度不同，对猪肉产品的认识可能存在不同。受教育程度较低的消费者倾向于凭借经验去购买；受教育程度较高的消费者，倾向于对猪肉相关信息进行分析然后购买。收入水平的不同，对于消费猪肉的质量和数量的影响一般不太一样。高收入群体更加注重猪肉的营养和味道；低收入群体更加注重猪肉的安全和价格。城市消费者可能更关注猪肉质量；农村消费者可能更多专注猪肉价格。

2. 消费者对猪肉属性的关注

猪肉的属性表现有多种形式，本研究选取具有代表性的 4 类：大企业知名品牌、新鲜、安全美味以及地理标志认证。目前市场上大企业知名品牌的猪肉越来越多，知名品牌的猪肉普遍都具有质量认证信号，同时这也是猪肉品牌发展的一个趋势。普通猪肉与无公害猪肉、绿色猪肉、有机猪肉相比，市场的销售量最大，新鲜程度比较明显；带有质量认证信号的猪肉往往看起来不如普通猪肉新鲜。有机猪肉从饲养到屠宰、运输等一系列过程中都有着严格控制，在安全美味方面是最好的；绿色猪肉的要求稍稍次之；无公害猪肉在养殖生产中允许使用无残留或残留量低且对人体无害的生物制剂、饲料、药物添加剂等，安全美味方面排第三；普通猪肉排最后。所以带有质量认证信号的猪肉在安全美味方面要明显优于普通猪肉。猪肉的地理标志认证是猪肉行业发展的一个趋势，地理标志往往和某种质量属性一起称呼，本书认为带有地理标志认证的猪肉更接近于具有质量认证信号的猪肉。

3. 消费者对猪肉价格的态度

价格是消费者非常关注的问题。普通猪肉、无公害猪肉、绿色猪肉、有机猪肉 4 种不同类别的猪肉价格相差很大。普通来讲，无公害猪肉价格要高出普通猪肉价格的 10%～20%，绿色猪肉价格要高出普通猪肉价格的 30%～50%，有机猪肉价格要高出普通猪肉价格的 100%～150%。所以，区分消费者对 4 类猪肉价格的态度，能科学分析价格对消费者选择质量认证信号的影响。

4. 消费者对不同信号的信任程度

影响消费者利用质量认证信号的前提是消费者对质量认证信号的了解程度。消费者对猪肉厂家(企业)、商家(超市、猪肉专卖店等)、第三方质量认证机构的信任程度都影响着其对质量认证信号的选择。鉴于目前大多数厂家、商家销售的都是普通猪肉，本书认为如果消费者对厂家、商家信任，则倾向于购买普通猪肉，如果消费者对第三方质量认证机构信任，则倾向于购买带有质量认证信号的猪肉。

5. 消费者购买体验

经常有不安全食品购买体验的消费者，应该会增强利用质量认证信号的动因，但对愿意利用质量认证信号购买的消费者而言，如果利用质量认证信号让其选到的依然是问题食品，则这种购买体验不仅会直接降低消费者对该信号本身的信任程度，而且可能会连带影响到对其他质量认证信号的利用，因而不愉快购买经历多的消费者可能会倾向于凭经验购买。

三、模型选择

当因变量出现二元的特点时，残差项存在异方差性的问题，且无法保证估计值一定会落在单位区间内，同时因变量也不满足回归分析的假设，传统的回归分析此时不一定适用。Logit 模型(评定模型)就是针对这样的缺点而发展出来的。相对于传统分析，Logit 模型的样本不需要服从正态分布。Logit 模型是根据逻辑斯蒂概率密度函数而来的，若变量 t 是逻辑斯蒂概率密度函数的随机变量，则它的概率密度函数是：

$$f(t)=\frac{e^{-t}}{(1+e^{-t})^2},\ -\infty<t<+\infty。\tag{1}$$

其随机变量的分布密度函数是：

$$F(t)=p[T\leqslant t]=\frac{1}{1+e^{-t}}。\tag{2}$$

在 Logit 模型中，第 i 个样本，观察到 $y=1$ 的概率为：

$$p_i=p[T\leqslant\alpha+\beta x_i+u_i]=F(\alpha+\beta x_i+u_i)=\frac{1}{1+e^{-(\alpha+\beta x_i+u_i)}}。\tag{3}$$

记 $Z_i=\alpha+\beta x_i+u_i$，则上式可变形为：

$$p_i=\frac{1}{1+e^{-Z_i}},\tag{4}$$

$$1-p_i=\frac{1}{1+e^{Z_i}}。\tag{5}$$

所以可得逻辑回归的发生比：

$$\frac{p_i}{1-p_i}=\frac{1+e^{Z_i}}{1+e^{-Z_i}}=e^{Z_i}。\tag{6}$$

两边取对数，得：

$$\ln\frac{p_i}{1-p_i}=Z_i=\alpha+\beta x_i+u_i。\tag{7}$$

(7)式即需要的 Logit 模型函数，将自变量扩充为 n 元，得到一般的 Logit 回归模型：

$$\ln\frac{p_i}{1-p_i}=\alpha+\sum\beta_j x_{ji}+u_i 。\tag{8}$$

(8)式即为本书所用的二元逻辑斯蒂回归模型（Binary Logistic Regression）。其中，p_i 为第 i 个样本选择猪肉质量认证信号的概率，$\ln\frac{p_i}{1-p_i}$为发生比的对数，x_{ji}表示第 i 个样本的第 j 个变量。

第三节　数据来源与变量说明

一、数据来源

数据主要来源于调查问卷。选取辽宁沈阳、大连、鞍山、营口、锦州为调研地区，于 2011 年 6 月至 7 月对上述 5 个城市的农村和市区进行调研。为了更加明确调研的对象及目的，调研员在调研地的超市猪肉销售区或农贸市场、猪肉专卖店附近对消费者进行问询，根据消费者的回答，由调研员填写问卷。为了确保回答的有效性，如果消费者对个别词语概念模糊，调研员会做出解释。最后收回问卷 921 份，其中有效问卷 808 份。被访者中男性 397 人，占 49.1%，女性 411 人，占 50.9%；城镇居民 537 人，占 66.5%，农村居民 270 人，占 33.5%；被访者年龄主要集中在 26～45 岁和 46～60 岁 2 个年龄段，分别占 39.7%和 34.5%；在受教育程度方面，被访者主要集中在初中和高中、中专或技校 2 个层次，分别占 30.7%和 45.8%；收入主要集中在 2000 元以下（不含 2000 元）和 2000～4000 元（不含 4000 元）2 个区间，分别占 43.1%和 36.8%；在购买猪肉时，465 人不选择购买带有质量认证信号的猪肉，343 人选择购买带有质量认证信号的猪肉，分别占总数的 57.5%和 42.5%。

二、变量说明

该项调研的目的是探讨影响消费者购买带有质量认证信号的猪肉的因素。模型中，被解释变量为消费者是否选择了带有质量认证信号的猪肉。问卷中，消费者的购买习惯包括 4 项：普通猪肉、无公害猪肉、绿色猪肉和有机猪肉。将选择普通猪肉视为没有选择(普通猪肉＝没有选择＝0)，将选择其余 3 类猪肉视为选择(无公害猪肉＝绿色猪肉＝有机猪肉＝选择＝1)。

模型中解释变量共包括 5 类 18 项：①消费者个人特征，包括性别、年龄、受教育程度、月均收入和居住地；②消费者对猪肉属性的关注，包括是否关注大企业知名品牌、是否关注新鲜、是否关注安全美味和是否关注地理标志认证；③消费者对猪肉价格的态度，包括对普通猪肉价格的态度、对无公害猪肉价格的态度、对绿色猪肉价格的态度和对有机猪肉价格的态度；④消费者对不同信号的信任程度，包括对质量认证信号的了解程度、对厂家信号的信任程度、对商家信号的信任程度和对质量认证信号的信任程度；⑤消费者购买体验，即消费者平时购买猪肉的受骗程度。18 项解释变量中，年龄、受教育程度和月均收入 3 个变量先作为哑变量进入方程，如果每个哑变量对因变量的影响程度都具有相同趋势，则作为潜变量进入方程。对变量的定义情况如表 6-1 所示。

表 6-1　变量列表

序号	变量名称	取值	定义
1	性别	1～2	1＝男，2＝女
2	年龄	1～4	1＝25 岁及以下，2＝26～45 岁，3＝46～60 岁，4＝61 岁及以上
3	受教育程度	1～4	1＝小学及以下，2＝初中，3＝高中、中专或技校，4＝大学及以上
4	月均收入	1～4	1＝2000 元以下(不含 2000 元)，2＝2000～4000 元(不含 4000 元)，3＝4000～6000 元(不含 6000 元)，4＝6000 元及以上
5	居住地	1～2	1＝城市，2＝农村
6	是否关注：大企业知名品牌	0～1	0＝不关注，1＝关注
7	是否关注：新鲜	0～1	0＝不关注，1＝关注
8	是否关注：安全美味	0～1	0＝不关注，1＝关注
9	是否关注：地理标志认证	0～1	0＝不关注，1＝关注

续表

序号	变量名称	取值	定义
10	对猪肉价格的态度：普通猪肉	1～5	1＝非常便宜，2＝比较便宜，3＝一般，4＝比较贵，5＝太贵
11	对猪肉价格的态度：无公害猪肉	1～5	1＝非常便宜，2＝比较便宜，3＝一般，4＝比较贵，5＝太贵
12	对猪肉价格的态度：绿色猪肉	1～5	1＝非常便宜，2＝比较便宜，3＝一般，4＝比较贵，5＝太贵
13	对猪肉价格的态度：有机猪肉	1～5	1＝非常便宜，2＝比较便宜，3＝一般，4＝比较贵，5＝太贵
14	质量认证信号的了解程度	1～5	1＝完全不了解，2＝了解较少，3＝一般了解，4＝了解较多，5＝完全了解
15	信号的信任程度：厂家	1～5	1＝非常不信任，2＝比较不信任，3＝一般信任，4＝比较信任，5＝非常信任
16	信号的信任程度：商家	1～5	1＝非常不信任，2＝比较不信任，3＝一般信任，4＝比较信任，5＝非常信任
17	信号的信任程度：认证	1～5	1＝非常不信任，2＝比较不信任，3＝一般信任，4＝比较信任，5＝非常信任
18	受骗程度	1～5	1＝总是遇不到，2＝偶尔遇到，3＝一般，4＝经常遇到，5＝总是遇到
19	购买猪肉的习惯	1～4	1＝普通猪肉，2＝无公害猪肉，3＝绿色猪肉，3＝有机猪肉

第四节 显著性检验及模型估计

一、因变量与各个自变量之间关系的显著性检验

运用皮尔逊卡方检验验证消费者是否利用质量认证信号(因变量)与自变量之间的关系是否显著、关联程度如何。借助 SPSS 19.0 软件的交叉表功能，将因变量作列，自变量作行，分别计算消费者是否利用质量认证信号与每个自变量之间的皮尔逊卡方值、Phi(φ)系数、Cramer 的 V 系数(如表 6-2 所示)。

表 6-2　皮尔逊卡方检验表

变量	皮尔逊卡方值	自由度	渐进 Sig.（双侧）	Phi(φ)系数		Cramer 的 V 系数	
				φ	Sig.	V	Sig.
性别	18.891	1	0.000	0.153	0.000		0.000
年龄	92.255	3	0.000			0.338	0.000
受教育程度	170.846	3	0.000			0.460	0.000
月均收入	204.624	3	0.000			0.503	0.000
居住地	140.723	1	0.000	−0.417	0.000		
是否关注：大企业知名品牌	423.758	1	0.000	0.724	0.000		
是否关注：新鲜	177.694	1	0.000	−0.469	0.000		
是否关注：安全美味	153.996	1	0.000	0.437	0.000		
是否关注：地理标志认证	67.614	1	0.000	0.289	0.000		
对猪肉价格的态度：普通猪肉	361.061	4	0.000			0.668	0.000
对猪肉价格的态度：无公害猪肉	325.525	4	0.000			0.635	0.000
对猪肉价格的态度：绿色猪肉	285.264	2	0.000			0.594	0.000
对猪肉价格的态度：有机猪肉	190.741	2	0.000			0.486	0.000
质量认证信号的了解	410.121	4	0.000			0.712	0.000
信号的信任程度：厂家	82.815	4	0.000			0.320	0.000
信号的信任程度：商家	52.290	4	0.000			0.254	0.000
信号的信任程度：认证	392.203	4	0.000			0.697	0.000
受骗程度	128.265	3	0.000			0.398	0.000

表 6-2 显示，在皮尔逊卡方检验中，所有 Sig. 都小于 0.05，说明每个自变量与因变量之间都显著关联。通过 Phi(φ)系数可以看出，性别、居住地、是否关注大企业知名品牌、是否关注新鲜、是否关注安全美味、是否关注地理标志认证这 6 个自变量与因变量之间的关联强度。其中，居住地、是否关注新

鲜2个自变量与因变量的Phi(φ)系数为负值，说明这2个自变量与因变量的变动方向相反，即居住在农村的消费者(农村=2)更倾向于购买普通类型的猪肉(普通猪肉=0)，关注新鲜的消费者(关注=1)更倾向于购买普通类型的猪肉(普通猪肉=0)；其余系数为正值，表示自变量与因变量之间的变动方向相同。从Cramer的V系数可以看出，自由度大于1的自变量与因变量之间的关系都是正向的。

总体来看，每个自变量与因变量之间的关联程度都很显著，是否关注大企业知名品牌、对质量认证信号的了解程度、对质量认证信号的信任程度与因变量之间的关联程度最大。

二、消费者是否利用质量认证信号的模型估计

通过皮尔逊卡方检验及关联系数，已求得各自变量与因变量之间的关联程度。但是，这种关联系数仅代表单个自变量与因变量之间的关系。消费者是否利用质量认证信号是受到多种因素共同作用的结果。所以，需要将所有自变量代入二元逻辑斯蒂回归模型，以发现各自变量共同作用对因变量的影响。

借助SPSS 19.0软件的二元逻辑斯蒂回归功能，采用进入法，对数据进行分析。分析过程分两步：第一步，将所有自变量代入，得到表6-3的模型Ⅰ的回归结果(如表6-3左半部分所示)，发现是否关注新鲜、对普通猪肉价格的态度、对无公害猪肉价格的态度、对有机猪肉价格的态度、对厂家信号的信任程度、对商家信号的信任程度、受骗程度7个变量的对因变量的影响不显著(Sig. 大于0.05)；第二步，剔除上述7个影响不显著的变量后，再次计算，得到表6-3的模型Ⅱ的回归结果(如表6-3右半部分所示)，此时，进入方程的变量全部显著。比较模型Ⅰ和模型Ⅱ的结果，发现模型Ⅱ的偏差虽稍稍大于模型Ⅰ，但模型Ⅰ和模型Ⅱ的Cox & Snell R方、Nagelkerke R方均表现良好。

表6-3　模型回归结果

变量	变量全部进入(模型Ⅰ)						变量选择进入(模型Ⅱ)					
	B	Wals	Sig.	Exp(B)	EXP(B)的95% C.I.		B	Wals	Sig.	Exp(B)	EXP(B)的95% C.I.	
					下限	上限					下限	上限
性别	−0.967	6.078	0.014	0.380	0.176	0.820	−1.099	8.585	0.003	0.333	0.160	0.695
年龄	0.464	4.884	0.027	1.591	1.054	2.402	0.357	3.932	0.047	1.429	1.004	2.034
受教育程度	0.680	5.454	0.020	1.974	1.115	3.492	0.626	5.149	0.023	1.870	1.089	3.211

续表

变量	变量全部进入(模型Ⅰ)						变量选择进入(模型Ⅱ)					
	B	Wals	Sig.	Exp(B)	EXP(B)的95% C.I.		B	Wals	Sig.	Exp(B)	EXP(B)的95% C.I.	
					下限	上限					下限	上限
月均收入	0.858	7.227	0.007	2.359	1.262	4.410	0.841	8.021	0.005	2.318	1.296	4.147
居住地	−1.351	4.851	0.028	0.259	0.078	0.862	−0.940	3.838	0.050	0.391	0.151	1.009
是否关注：大企业知名品牌	2.046	5.817	0.016	7.739	1.467	40.818	1.833	4.843	0.028	6.251	1.222	31.979
是否关注：新鲜	0.059	0.019	0.892	1.060	0.455	2.469						
是否关注：安全美味	1.319	9.562	0.002	3.741	1.621	8.634	0.942	5.561	0.018	2.566	1.172	5.614
是否关注：地理标志认证	1.057	5.971	0.015	2.878	1.212	7.444	1.044	6.702	0.010	2.842	1.289	6.265
对猪肉价格的态度：普通猪肉	0.230	0.437	0.509	1.258	0.637	2.486						
对猪肉价格的态度：无公害猪肉	−0.838	2.301	0.129	0.433	0.147	1.277						
对猪肉价格的态度：绿色猪肉	−3.237	37.464	0.000	0.039	0.014	0.111	−3.887	69.150	0.000	0.021	0.008	0.051
对猪肉价格的态度：有机猪肉	−1.149	3.155	0.076	0.317	0.089	1.126						
质量认证信号的了解	2.703	50.034	0.000	14.918	7.055	31.546	2.846	62.894	0.000	17.217	8.521	34.786
信号的信任程度：厂家	−0.144	0.318	0.573	0.866	0.525	1.428						
信号的信任程度：商家	0.302	1.115	0.291	1.353	0.772	2.369						
信号的信任程度：认证	2.136	40.320	0.000	8.469	4.380	16.377	1.958	47.850	0.000	7.086	4.069	12.341
受骗程度	−0.562	2.631	0.105	0.570	0.289	1.124						
常量	8.683	6.993	0.008	5903.761			3.486	3.244	0.072	32.665		
−2 对数似然值	265.412						275.934					
Cox & Snell R 方	0.645						0.640					
Nagelkerke R 方	0.866						0.860					

从模型系数的综合检验(如表6-4左半部分所示)中可以看出，变量全部进入与选择进入2种方式下，Sig. 都为0，所以2种方式下模型都非常显著。同时也可以看出，卡方值变动(减小)并不大，说明去掉影响不显著的变量后，对模型的似然值影响不大。从 Hosmer 和 Lemeshow 检验(如表6-4右半部分所示)可以看出，卡方值分别为5.983和15.065，因为临界的卡方值为15.51($\alpha=0.05$)，所以卡方值小于临界值，同时 Sig. 值都大于0.05，接受零假设，说明模型能够很好地拟合整体，不存在显著差异。

表6-4 模型检验

变量进入方式	模型系数的综合检验			Hosmer 和 Lemeshow 检验		
	卡方值	自由度	Sig.	卡方值	自由度	Sig.
全部进入(Ⅰ)	836.222	18	0.000	5.983	8	0.649
选择进入(Ⅱ)	825.700	11	0.000	15.065	8	0.058

表6-5和表6-6分别为2种自变量方式下 Hosmer 和 Lemeshow 检验的随机性表，通过对比各组因变量的观测值和期望值，发现期望值与观测值相差不多，进一步印证了 Hosmer 和 Lemeshow 检验的结果。

表6-5 Hosmer 和 Lemeshow 检验的随机性表(变量全部进入)

	不选择购买带有质量认证信号的猪肉		选择购买带有质量认证信号的猪肉		总计
	观测值	期望值	观测值	期望值	
1	82	81.957	0	0.043	82
2	82	82.745	1	0.255	83
3	79	78.351	0	0.649	79
4	85	83.976	1	2.024	86
5	75	73.616	7	8.384	82
6	44	49.175	37	31.825	81
7	16	13.994	65	67.006	81
8	2	1.181	80	80.819	82
9	0	0.004	80	79.996	80
10	0	0.000	72	72.000	72

表 6-6　Hosmer 和 Lemeshow 检验的随机性表(变量选择进入)

	不选择购买带有质量认证信号的猪肉		选择购买带有质量认证信号的猪肉		总计
	观测值	期望值	观测值	期望值	
1	80	79.939	0	0.061	80
2	81	81.667	1	0.333	82
3	80	79.244	0	0.756	80
4	81	79.137	1	1.863	81
5	73	72.092	7	7.908	80
6	46	53.908	35	27.092	81
7	18	16.886	63	64.114	81
8	6	2.118	75	78.882	81
9	0	0.010	81	80.990	81
10	0	0.000	81	81.000	81

由表 6-7、表 6-8、表 6-9 可知，随机分类的判对比率为 57.5%，采用变量全部进入的模型分类的判对比率为 93.4%，采用变量选择进入的模型分类的判对比率为 92.6%。经过模型分类后，判对比率明显提高，可见 2 个模型有效。同时，变量全部进入与变量选择进入对判对比率的影响不大。下面对变量选择进入方式进行分析。

表 6-7　分类表(随机)

观测值		期望值		
		是否选择购买带有质量认证信号的猪肉		百分比校正
		不选择购买带有质量认证信号的猪肉	选择购买带有质量认证信号的猪肉	
是否选择购买带有质量认证信号的猪肉	不选择购买带有质量认证信号的猪肉	465	0	100.0
	选择购买带有质量认证信号的猪肉	343	0	0.0
判对比率				57.5

切割值为 0.500。

表 6-8　分类表(变量全部进入)

观测值		期望值		
		是否选择购买带有质量认证信号的猪肉		百分比校正
		不选择购买带有质量认证信号的猪肉	选择购买带有质量认证信号的猪肉	
是否选择购买带有质量认证信号的猪肉	不选择购买带有质量认证信号的猪肉	440	25	94.6
	选择购买带有质量认证信号的猪肉	28	315	91.8
判对比率				93.4

切割值为 0.500。

表 6-9　分类表(变量选择进入)

观测值		期望值		
		是否选择购买带有质量认证信号的猪肉		百分比校正
		不选择购买带有质量认证信号的猪肉	选择购买带有质量认证信号的猪肉	
是否选择购买带有质量认证信号的猪肉	不选择购买带有质量认证信号的猪肉	440	25	94.6
	选择购买带有质量认证信号的猪肉	35	308	89.8
判对比率				92.6

切割值为 0.500。

从消费者个体特征来看，与性别、年龄、受教育程度、月收入和居住地相对应的 Sig. 值均小于(或等于)0.05，说明这 5 个个体特征变量对是否选择购买带有质量认证信号的猪肉有显著影响。其中，男性消费者比女性消费者更容易选择购买带有质量认证信号的猪肉，这可能与男性消费者相对理性有关；城镇居民消费者比农村居民消费者更容易选择购买带有质量认证信号的猪肉。消费者的年龄、受教育程度、月均收入 3 个特征与是否选择购买带有质量认证信号的猪肉表现出正相关。个体特征变量影响是否选择购买带有质量认证信号的猪肉的发生比(效应系数)分别为 0.333、1.429、1.870、2.318、0.391，表明这 5 个变量中月均收入的变化影响是否选择购买带有质量认证信号的猪肉程度最大，其次是受教育程度、年龄、居住地和性别。效应系数置信区间也表明随着 5 个个体特征变量的变化，在给定显著水平(95%)下，是否选择购买带有质量认证信号的猪肉概率的波动范围。其中，月均收入的置信区间为[1.296，4.147]，表明其对是否选择购买带有质量认证信号的猪肉的影响是最大的。

从消费者购买猪肉时关注的属性来看，大企业知名品牌、新鲜、安全美味和地理标识认证 4 个变量中，新鲜变量影响不显著，其余 3 个变量对因变量都有显著的正向影响。其中，大企业知名品牌变量对是否选择购买带有质量认证信号的猪肉的影响程度最大，因变量可变为原来的 6.251 倍，其次为安全美味和地理标志认证。通过置信区间的下限(均大于 1)和上限也可以看出这 3 个变量对是否选择购买带有质量认证信号的猪肉的影响情况。

从消费者对 4 种猪肉价格的态度来看，只有对绿色猪肉价格的态度对因变量的影响显著。在非常便宜—比较便宜——一般—比较贵—太贵 5 个次序中，消费者对绿色猪肉价格的态度每提高一个程度，选择购买带有质量认证信号的猪肉的概率就变为原来的 0.021。通过置信区间的下限(小于 1)和上限(小于 1)也可以看出，影响程度非常显著。带有质量认证信号的猪肉价格的高低，一定会影响消费者选择购买带有质量认证信号的猪肉的概率。之所以仅对绿色猪肉价格态度变量的影响具有显著意义，可能因为：绿色猪肉的价格适合主流人群，代表着猪肉质量认证信号的主流，绿色猪肉价格的高低直接影响着消费者对其的购买；无公害猪肉价格稍高于普通猪肉，同时其质量水平也没有在消费者心目中形成鲜明形象，其价格的变动较难引起消费者对无公害质量认证信号的选择冲动；有机猪肉价格高昂，其价格变动也难以带动消费者对其的购买，不容易表现出价格态度与是否购买之间的关系。

从质量认证信号的了解程度、信任程度来看，对质量认证信号的了解、对厂家信号的信任程度、对商家信号的信任程度、对质量认证信号的信任程度 4 个变量中，只有对质量认证信号的了解程度、对质量认证信号的信任程度 2 个变量对因变量具有非常显著的影响。这 2 个变量每提高一个程度，消费者选择购买带有质量认证信号的猪肉的概率就会提高到原来的 17.217 倍和 7.086 倍。从置信区间的下限和上限也可以看出，影响程度非常显著。

消费者是否了解质量认证信号的意义，对其是否选择购买带有质量认证信号的猪肉的影响是纯粹的。通过调研，笔者发现了解质量认证信号的消费者都倾向于选择购买带有质量认证信号的猪肉。但是，在大型超市销售绿色猪肉的档口，普遍的形式就是在柜台上摆上一份绿色食品证书，而旁边的绿色猪肉与普通猪肉完全相同。如果将普通猪肉放入其中，根本无法分辨、察觉。这就让消费者对质量认证信号产生了怀疑。这也是为什么质量认证信号的了解程度的影响大于质量认证信号信任程度影响的原因。

目前一些大型超市在销售大企业知名品牌猪肉时，做了较多如“绿色猪肉、溜达猪、林间猪”的图片宣传，但这些猪肉实际上并没有得到中国绿色食品发展中心出具的认证。这样的图片宣传，在一定程度上影响了大企业知名品牌、大型商家与质量认证信号之间的关系。这也许是对厂家、商家信号的信任程度 2 个变量不显著的原因。

第五节 结论与启示

本章利用皮尔逊卡方检验、二元逻辑斯蒂回归模型，对辽宁 808 份有效问卷做了分析，认为多数消费者购买猪肉时并不选择购买带有质量认证信号的猪肉，其影响因素及启示如下。

首先，从消费者个体特征来看，性别、年龄、受教育程度、月均收入和居住地对消费者是否选择购买带有质量认证信号的猪肉都有显著影响。其中，月均收入、受教育程度、年龄 3 个变量影响最大，且 3 个变量的程度越高，消费者越倾向于选择购买带有质量认证信号的猪肉。与农村居民消费者相比，城镇居民消费者更容易选择购买带有质量认证信号的猪肉。以上结论也与皮尔逊卡方检验的关联系数相符。从模型可以看出，男性消费者比女性消费者更容易选择购买带有质量认证信号的猪肉。可以看出，无公害猪肉、绿色猪肉和有机猪肉的目标群体多为收入水平较高、受教育程度较高的城镇居民，老年女性占很大一部分。

其次，消费者对猪肉是否为大企业知名品牌、是否安全美味、是否具有地理标志认证的关注程度，对其是否选择购买带有质量认证信号的猪肉有显著影响。消费者在选择购买带有质量认证信号的猪肉时，更倾向于购买大企业知名品牌的猪肉或带有地理标志认证的猪肉，更倾向于购买安全美味的猪肉。其中，大企业知名品牌对消费者购买带有质量认证信号的猪肉影响最大。可以看出，猪肉企业应该清楚、鲜明地界定出无公害猪肉、绿色猪肉、有机猪肉 3 类猪肉与普通猪肉相比的质量差异以及由质量差异给消费者带来的利益差异。为了彰显质量、味道上的差异，猪肉企业应该重视地理认证标志对消费者的影响，应该通过对猪肉质量认证信号的坚守，塑造企业品牌形象。

再次，绿色猪肉价格对消费者是否选择购买带有质量认证信号的猪肉具有显著影响，普通猪肉价格、无公害猪肉价格、有机猪肉价格对消费者是否选择购买带有质量认证信号的猪肉影响不显著。从质量与价格角度来讲，普通猪肉、无公害猪肉、绿色猪肉、有机猪肉之间是有一定差别的。本书的研究表明，绿色猪肉刚好是一道门槛，这与市场实际相符。市场上，普通猪肉与无公害猪肉之间的界限模糊，价格相差不多；绿色猪肉与无公害猪肉质量、价格差距较大；有机猪肉质量虽好，但往往由于价格高而少人问津。对于猪肉企业来说，绿色猪肉的需求价格弹性是最大的。在保障产品质量、维护好品牌形象的同时，适当降低绿色猪肉价格可能会给企业带来更多的收益。

最后，对质量认证信号的了解程度、信任程度，是影响消费者是否利用质量认证信号最主要的2个因素。猪肉企业、猪肉零售商面临的最大的问题，就是如何让消费者有效了解无公害猪肉、绿色猪肉及有机猪肉的内涵，如何让消费者相信其提供的猪肉与质量认证信号相符。对此，政府相关部门与企业应该共同维护质量认证信号的应用。第一，利用大众媒介广泛传播无公害食品、绿色食品、有机食品的含义以及如何鉴别这些质量认证信号；第二，政府应严格管理、监督质量认证信号的使用；第三，猪肉企业应该树立长远的发展战略目标，重视诚信文化的建设。倘若消费者对质量认证信号不信任，花费大量社会资源建立的质量认证信号体系将无法正常发挥功效；如果信息不对称所导致的逆向选择与败德行为得不到有效抑制，安全问题将无法从根本上得到缓解。

第七章

基于封闭供应链的猪肉质量控制：系统动力学仿真

第一节　系统动力学相关理论

系统动力学出现于1956年，创始人为美国麻省理工学院（M. I. T.）福瑞斯特（Jay W. Forrester）教授。由于初期它主要应用于工业企业管理，故称为工业动力学；后来，随着该学科的发展，其应用范围日益扩大，遍及经济、社会等各类系统，故改称为系统动力学。系统动力学借助计算机仿真技术，能有效模拟信息反馈状况，并且将信息反馈的影响机理与路径的因果关系相互融合。所以，系统动力学能够应用于相对复杂的问题。其一般思路为：首先，深刻剖析被研究系统的内部结构，按照一定因果关系建立仿真模型；其次，通过对变量的控制，对系统实施不同的政策方案，并借助仿真软件来演示某些变量的结果；最后，根据不同的结果，探讨最佳的政策方案。从学科的角度来讲，系统动力学是一门以系统反馈控制理论为基础，主要借助计算机仿真技术平台，采用定性研究与定量研究相互结合来研究系统变化的学科。它是系统科学和管理科学中的一个分支，也是一门沟通自然科学和社会科学的横向学科。

一、系统动力学的理论基础

系统动力学主要以反馈控制理论、决策过程理论、系统分析方法以及计算机仿真技术为理论基础。

反馈控制理论是系统动力学基本的理论基础。反馈控制理论的原理是：基于系统理论，各个环节、各个要素或各个变量形成前后相连、首尾相顾、因果相关的反馈环；其中任何一个环节或要素的变化，都会引起其他环节或要素发生变化，并最终又使该环节或要素进一步变化，从而形成反馈回路和反馈控制运动。同时，反馈控制理论强调反馈回路系统中的结构关系、时间延迟、信息放大对系统动态行为模式的影响。结构关系体现了系统中各个元素之间的相互作用机理；时间延迟一直围绕整个过程，体现了输入的决策相对于结果的时间差；信息放大体现了系统中某些信息伴随着时间推移的放大现象。反馈控制理论的结构关系、时间延迟、信息放大三个特征，为系统动力学在经济、管理、社会、生态等领域的应用提供了保障。

决策过程理论更倾向于是一种思想。企业的生产经营目标在于：通过内部决策来有效应对周围环境带来的影响。为了达到此目标，管理者必须制定一系列的行为准则。这些行为准则不能来源于管理者的自由意识，而是经过管理者一定的逻辑推导而来。也就是说，管理者根据现有情境，推导出一系列行为准则可能带来的后果。基于决策过程理论，系统动力学强调在决策制定过程中，应该考虑决策与环境之间的相互影响，即决策如何影响环境，环境又如何反过来影响决策。为此，一些系统动力学研究者认为，企业将来的发展方向应该是：考虑企业内部与外部环境之间的作用机理，着重组织策略的设计，关注结果目标的灵活性和多样性，从而优化企业决策。

系统分析方法是系统动力学理论的支撑。系统分析方法是指把要解决的问题作为一个系统，对系统要素进行综合分析，找出解决问题的可行方案的咨询方法。社会是一个充满各种变量的动态复杂系统。我们研究的每一个问题，都镶嵌在复杂的系统环境之中。对于此类复杂问题，需要用系统的思路来研究。系统动力学模型的构建，强调系统变量之间的相互关系，通过描述各变量之间的结构、流程来刻画系统内部的各种因果反馈关系。同时，系统动力学借助相关数学模型，能够动态地演化系统随时间变化的规律。决策者可以试验不同情境下，系统的动态变化情况。通过系统不同反馈结果，优化系统决策方案。

计算机仿真技术是系统动力学理论的应用基础。复杂动态系统的决策过程往往涉及多变量及高阶的非线性关系，其运算需要耗费大量的时间。计算机仿真技术是利用计算机科学和技术的成果，建立被仿真的系统的模型，并在某些实验条件下对模型进行动态实验的一门综合性技术。借助计算机技术的强大计算能力，系统动力学中的复杂问题能得到有效解决，可以对高阶非线性复杂动态系统的动态变化过程进行仿真。计算机仿真技术具有高效、安全、受环境条件的约束较少、可改变时间比例尺等优点，已成为分析、设计、运行、评价、培训系统(尤其是复杂系统)的重要工具，并得到了广泛的应用。目前，一些系统动力学仿真软件(如 Vensim，Powersim，STELLA，iThink 等)，无论在运算方法、运算能力还是人机交互和可操作性上，都具有强大的功能。

综上所述，系统动力学是建立在反馈控制理论、决策过程理论、系统分析方法以及计算机仿真技术四种理论基础上，能研究、认识人类动态复杂系统的、全面性的研究方法。四种理论相辅相成，缺一不可。反馈控制理论、决策过程理论以及系统分析方法，无论在自然科学还是在社会科学领域，都是分析复杂问题的基本思路。计算机仿真技术则为系统动力学提供了强大的运算支持，可以轻松地实现系统动力学模型的量化仿真。

二、系统动力学的建模思想

根据森奇(PETER M. SENGE，2006)、王其藩(1995)等人对系统动力学的研究，系统动力学的建模思想主要包括闭环思考(Interrelated Thinking)、动态思考(Dynamic Thinking)和结构性思考(Structural Thinking)三种，这三种思想的基础是系统思考。系统思考采用了辩证、发展的观点，认为系统的各个变量之间是相互联系、不断变化的，非常适合研究复杂的系统问题。系统思考是系统动力学方法的核心和基本思考模式。

1. 闭环思考

复杂的系统中，存在很多因果关系。实际上不仅存在“因”影响“果”的关系，同时也存在着“果”对“因”的反馈。这种反馈能够直接影响系统未来的变化，同时也有可能对系统的结构、变量之间的关系产生影响。传统的开环思考方法能够较好地分析系统中的直接关系，但不能有效分析系统行为结果信息对系统内部带来的影响。闭环思考方法不仅能分析系统中的直接关系，同时也考虑了信息反馈对系统的影响，从而能够更敏锐地探讨系统的发展变化规律。图 7-1 对比了开环思考方法和闭环思考方法的认识路径，可以看出闭环思考方法考虑了信息反馈，带动了系统的优化与升级。

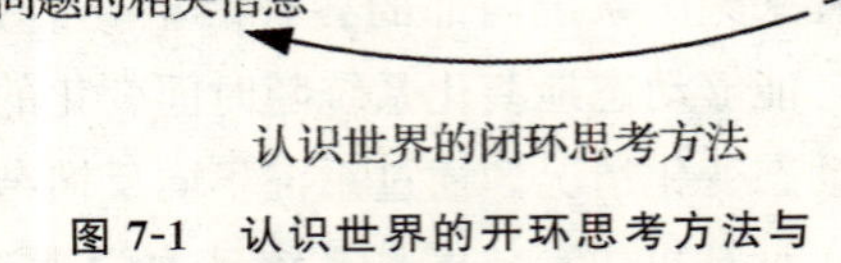

图 7-1　认识世界的开环思考方法与闭环思考方法

在闭环思考过程中，存在着 2 种因果关系(反馈环)：正因果关系和负因果关系。正因果关系表示的是"自变量 X 的变化，使得因变量 Y 朝着同向方向变化"。例如，在"产品质量→销售量→收益→产品质量"环路中，因素间都是正反馈关系，则环路是正因果关系。用微分的形式可表示成(1)式。其中，X 为自变量，Y 为因变量，t 为时间变量，Y_{t_0} 为 $t=t_0$ 时因变量的值。

$$Y = Y_{t_0} + \int_0^t (X + \cdots)\,dt, \qquad \frac{\partial Y}{\partial X} > 0。 \tag{1}$$

负因果关系表示的是"自变量 X 的变化，使得因变量 Y 朝着反向方向变化"。用微分的形式可表示成(2)式。其中，X 为自变量，Y 为因变量，t 为时间变量，Y_{t_0} 为 $t=t_0$ 时因变量的值。

$$Y = Y_{t_0} + \int_0^t (-X + \cdots)\,dt, \qquad \frac{\partial Y}{\partial X} < 0。 \tag{2}$$

在反馈环中，根据变量的个数不同，会形成 2 种反馈结果：正反馈和负反馈。正反馈就是随着时间的持续，其结果在不断扩大；负反馈是随着时间的持续，其结果在不断缩小。图 7-2 中，"生产率→库存"就是正反馈，"产品质量→销售量→收益→产品质量"环路即正反馈环；"产品价格→产品销量"就是负反馈，"库存→降价促销→顾客购买意愿→销售量→库存"环路即负反馈环。

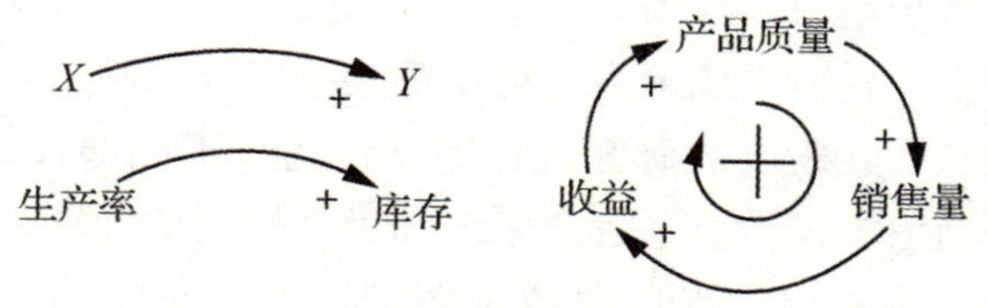

正反馈及正反馈环

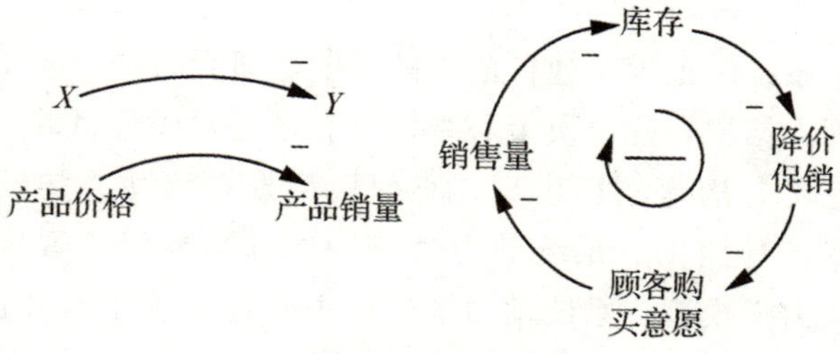

负反馈及负反馈环

图 7-2　正、负反馈及正、负反馈环示意图

理论上说，正反馈环呈现出永远扩张、放大的趋势，其结果具有“滚雪球”的效应。负反馈环呈现永远收缩、缩小的趋势，其结果越来越小。但是，在实际中，系统中的变量都具有一定的范围，并不是无止境地扩大或收缩的。

2. 动态思考

世界万物都处在不断的运动变化中。系统受到各种变量的作用，随着时间的推移表现出不同的信息。所以，时间延迟是系统的一个根本特征。科学地研究系统的方向，必须考虑到系统的动态过程。系统动力学考虑了系统随时间变化呈现出的不同趋势，通过因果关系的反复循环，能够洞察系统的变化规律。

3. 结构性思考

结构性思考是系统思考进一步对客观事物的认识。在深刻了解问题本质、关系框架、影响机理的基础上，才能相对科学地概括出系统的实际情况。系统动力学模型的建立，需要对系统的结构具有清晰的认识，厘清系统的主要关系脉络，合理构建系统的结构性框架。基于结构性框架，完善各变量之间的影响关系。

三、系统动力学的建模思路

系统动力学建模是通过模拟系统动力学模型来演示现实系统运动规律的一种方法，所以，系统动力学模型是其核心。系统动力学模型是对现实系统的简化和概括，事实上，任何系统动力学模型都是不完全准确的。但是，只要基于对系统的深刻认识，在既定的研究目标和条件约束下能够有效接近现实系统，就是有效的系统动力学模型。通过对系统动力学模型的计算机仿真，可以得到相关研究目的的信息。用仿真反馈信息来指导模型的修正，继续得出模拟结果，直到模型能够接近现实并达到研究目的。这个研究过程需要遵循一定的思路和原则。

第一，界定系统的范围及建模的目的。明确研究目的，基于研究目的明确系统的研究范围。第二，确定决策心智模型。通过对研究目的、研究范围的深入认识、系统思考，构建心智模型。心智模型是系统动力学模型的主线、纲领，因果关系反馈环路图、系统动力学流图等都需要以心智模型为蓝本。第三，构建系统动力学模型。系统动力学模型主要包含系统概念结构图、因果关系反馈环路图以及系统动力学流图三个部分。系统概念结构图是对系统的总括，需要明确系统变量以及流程；因果关系反馈环路图需要确定主要相关变量以及变量之间的路径，是对系统的定性描述；系统动力学流图包括详细的流程图和相关数学关系式的确定，需要利用系统动力学特有的语言符号来绘成。第四，测试与仿真模拟。为了提高系统动力学模型的稳健性和有效性，加强与现实系统的相似程度，需要对模型进行测试。一些研究者提出了针对系统动力学模型的检验方法。其主要测试项目有模型范围适合性测试、模型结构测试、量纲一致性测试、参数验证测试、极端条件测试、行为再现测试、行为异常测试、敏感性测试等。测试是一个不断调整模型的过程，测试合格后，对各变量配上相关数值，即可进行仿真模拟。模拟也是一个需要不断做出调整的过程，一直到模型与现实系统基本相符。第五，设计与评估策略。设计与评估策略是对模型模拟结果的分析。通过改变不同变量的数值，探讨不同输出结果的差异性，从而揭示不同情境下，决策与结果之间的关系。

四、系统动力学的建模与仿真软件

自从系统动力学创建以来，系统动力学的建模与仿真软件得到了快速发展。仿真软件的发展与仿真应用、算法、计算机和建模等技术的发展相辅相成。1984 年出现了第一个以数据库为核心的仿真软件系统，此后又出现采用人工智能技术(专家系统)的仿真软件系统。目前，很多系统动力学仿真软件在算法、计算能力、人机交互、操作性等方面都变得非常完善，主流软件主要有 Vensim，STELLA，iThink 等。

STELLA 和 iThink 是 isee systems 公司研发的仿真软件。两款软件都能建立系统动力学模型并实现模拟，同时都具有降低"因缺少对系统整体了解而盲目决策"带来风险的优点。STELLA 和 iThink 软件是功能和操作完全一样的软件，不同之处在于：STELLA 和 iThink 生成文件的后缀不同；两者主要应用的领域不同，STELLA 主要用于教育和科研领域，因此带有丰富的教学和科研领域的案例，而 iThink 软件主要用于商业领域，软件带有商业案例。

本书的研究采用的是 Vensim PLE 软件，该软件由美国 Ventana Systems 公司开发。Vensim 软件可提供一种简易而具有弹性的方式，以建立包括因果循环(casual loop)、存货(stock)与流图等相关模型。使用 Vensim 软件建立动态模型，仅需要恰当使用软件提供的各种变量符号、箭头符号，将变量按照因果关系连接好即可。Vensim 软件以方程式的形式将变量之间的数量关系引入模型。通过模型的构建过程，可以进一步认识变量之间的关系，也能了解各变量数值与输出信息之间的关系，这为修改模型提供了方便。Vensim PLE 软件是 Vensim 软件的个人学习版，是 Vensim 软件的一种。Vensim PLE 软件是为了更便于学习系统动力学而专门设计。该软件具有如下三个主要特征。

第一，Vensim PLE 软件利用图示化编程建立模型。Vensim PLE 软件的用户界面是 Windows 界面，具有菜单、快捷键、工具条、图标功能，注重人性化操作。启动 Vensim PLE 软件后，依据画图工具画出简化流率基本流图，再通过公式编辑器输入方程和参数，就可以直接进行模拟了。

第二，Vensim PLE 软件对模型提供多种分析方法。Vensim PLE 软件提供了两类分析工具：第一类是结构分析工具，包含因果树(Cause Tree)和环(Loops)，因果树可以将变量之间的因果关系用树状的图形形式表示出来，环可以将模型中所有反馈环以列表的形式表示出来；第二类是数据集分析工具，其中图表(Graph)可以将各个变量在整个模拟周期内的数值以图形形式直观给出，因果带状图(Causes Strip Graph)则将有直接因果关系的工作变量在模拟周期内的数值变化并列出来，以追踪系统变量间的影响关系。

第三，真实性检验。针对所研究的系统，对于模型中的一些重要变量，依据常识和一些基本原则，可以预先提出对其正确性的基本假设，这些假设是真实性约束。将这些约束添加到建好的模型中，专门模拟现有模型在运行时对这些约束的遵守情况或违反情况，就可以判断模型的合理性和真实性，从而调整结构或参数。真实性检验是 Ventana systems 公司的专利方法，对于建模非常有效。

第二节　猪肉封闭供应链系统动力学建模

本书通过封闭供应链的框架，来研究猪肉质量安全问题。猪肉质量安全涉及猪肉供应链各个节点企业，同时政府监管对猪肉质量安全也有着至关重要的影响。当然，猪肉的质量安全不仅仅与这几个节点企业有关系，还与饲料企业、兽药企业等诸多主体有关，但是为了突出研究的重点，对上述企业主体不予研究。所以，本章主要从养殖企业、屠宰企业、零售企业及政府监管入手，探讨如何控制猪肉质量安全。

养殖企业、屠宰企业、零售企业构成了典型的猪肉供应链，加之政府监管及节点企业之间相互错综的联系就构成了一个系统。围绕猪肉质量安全，系统中各个节点企业都通过一些变量来影响猪肉质量安全。根据第五章的分析，可以知道：在生猪养殖环节中影响控制猪肉质量安全的因素是养殖规模，具体影响变量为疫病防治水平、饲料质量水平和福利水平；在生猪屠宰环节中影响控制猪肉质量安全的因素是屠宰能力，具体影响变量为宰前检疫检验水平、屠宰操作规程和出厂检验水平；在猪肉零售环节中影响控制猪肉质量安全的因素是销售渠道，具体影响变量为入市检验水平、质量追溯水平和诚信水平。对于政府的监管，包含政府对规模养殖企业、屠宰企业的奖励(补贴)，同时也包含对质量不合格猪肉的查处与罚款。综合考虑，对于提高猪肉质量安全来说，惩罚对企业的影响更大。所以，本节主要从政府监管对不安全猪肉(生猪)的查处角度来分析。综上所述，即确定了猪肉封闭供应链系统动力学的边界。在确定系统动力学边界的基础上，建立模型的思路如下。

猪肉封闭供应链系统动力学模型的心智模型为：养殖企业养殖生猪并流向屠宰企业，其中的生猪分为安全生猪和不安全生猪；屠宰企业屠宰生猪并流向零售企业，其中流转的猪肉分为安全猪肉和不安全猪肉；零售企业将猪肉销售给消费者，其中的猪肉分为安全猪肉和不安全猪肉。由于政府监管，分别对养殖企业的不安全生猪、屠宰企业的不安全生猪、零售企业的不安全猪肉做部分或全部的查处(无害化处理)。

养殖企业的生猪质量安全由两方面因素来影响：一是养殖企业规模，养殖企业规模不同，影响饲料质量水平、疫病防治水平和福利水平三个变量，因而影响生猪质量安全系数；二是政府监管力度，政府监管力度不同，影响养殖企业被查处不安全生猪的数量，因而影响养殖企业的质量意识，即开始调整质量安全系数。屠宰企业的质量安全也由两方面因素来影响：一是屠宰企业的规模，屠宰企业规模不同，影响宰前检疫检验水平、屠宰操作规程和出厂检验水平 3 个变量，因而影响屠宰企业质量安全水平；二是政府监管力度，政府监管力度不同，影响屠宰企业被查处不安全生猪的数量，因而影响屠宰企业的质量意识，即开始调整质量安全系数。零售企业的质量安全同样由两方面因素影响：一是零售渠道，零售渠道不同，影响入市检验水平、质量追溯水平和诚信水平，因而影响零售企业的质量安全水平；二是政府监管力度，政府监管力度不同，影响零售企业被查处不安全猪肉的数量，因而影响零售企业的质量意识，即开始调整质量安全系数。

综上所述，本研究利用 Vensim PLE 软件，构建猪肉封闭供应链系统动力学模型的流图(如图 7-3、图 7-4 所示)。

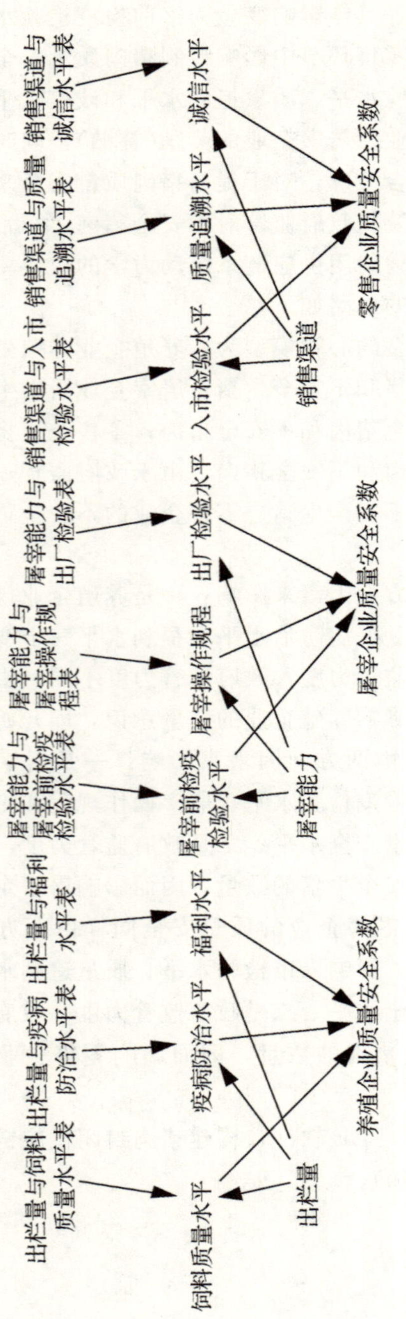

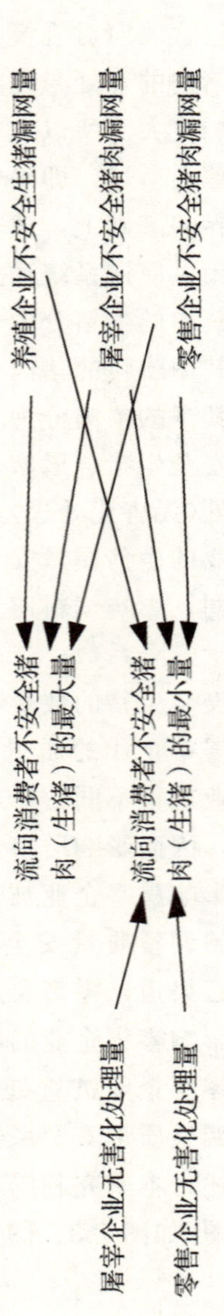

图 7-3　猪肉封闭供应链系统动力学模型流图

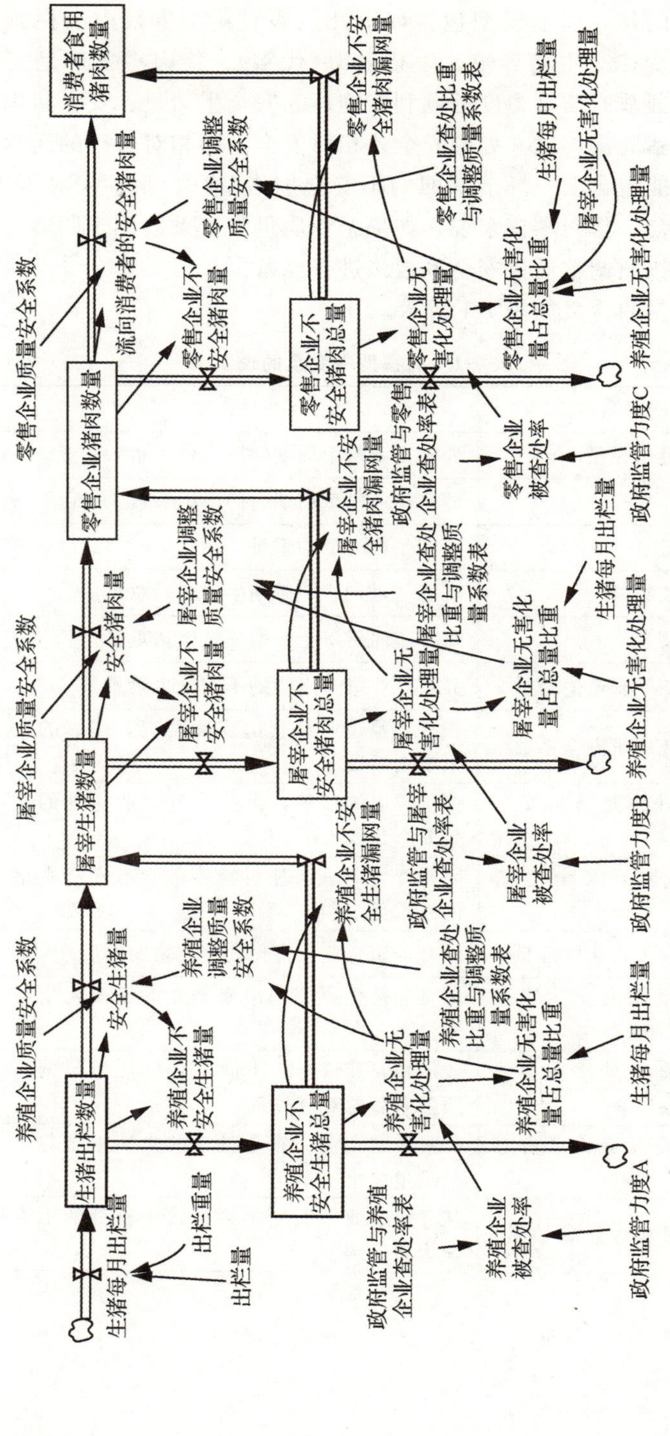

图 7-4　猪肉封闭供应链系统动力学模型流图

需要说明的是，以上模型包含如下几点假设：①生猪由出栏到屠宰、分割，其重量不变；②生猪养殖、生猪屠宰(代宰)、猪肉零售都是完全竞争市场，这样能保证政府监管力度的顺利实施；③安全生猪量、安全猪肉量、流向消费者的安全猪肉量，这3处的安全是相对安全，即相对自己的运营活动是安全的，其中可能包含上一环节漏网的不安全生猪(猪肉)量；④对于生猪养殖、生猪屠宰(代宰)、猪肉零售来说，如果企业质量安全系数小于调整质量安全系数，则企业会按照调整质量安全系数来进行经营。

模型中变量的含义如表7-1所示。

表7-1　对模型中变量的说明

序号	变量名称	变量含义	单位
1	生猪每月出栏量	养殖企业每个周期(月)出栏生猪的重量	吨/月
2	出栏量	养殖企业每个周期(月)出栏头数	头/月
3	出栏重量	出栏生猪的平均重量	吨/头
4	生猪出栏数量	状态变量，一定时期生猪出栏总重量	吨
5	安全生猪量	每月流向屠宰企业的安全生猪重量	吨/月
6	养殖企业不安全生猪量	养殖企业每月出栏的不安全生猪重量	吨/月
7	养殖企业质量安全系数	根据养殖企业经营的实际情况，估算的质量安全系数	—
8	养殖企业调整质量安全系数	由于政府的监管，促使养殖企业达到的质量安全最低水平	—
9	养殖企业不安全生猪总量	状态变量，一定时期养殖企业不安全生猪的总重量	吨
10	养殖企业无害化处理量	每月养殖企业无害化处理生猪的重量	吨/月
11	养殖企业不安全生猪漏网量	每月养殖企业流向屠宰企业的不安全生猪重量	吨/月
12	养殖企业查处比重与调整质量系数表	表函数，养殖企业不同的查处比重与调整质量系数的对应关系	—
13	养殖企业无害化量占总量比重	每月养殖企业无害化处理的生猪重量与出栏重量之比	—
14	养殖企业被查处率	从养殖企业不安全生猪总量中查处的不安全生猪比例	—

续表

序号	变量名称	变量含义	单位
15	政府监管与养殖企业查处率表	表函数，政府不同监管力度与查处养殖企业不安全生猪比例的对应关系	—
16	政府监管力度 A	政府相关部门对养殖企业生猪质量安全监管水平	—
17	屠宰生猪数量	状态变量，一定时期屠宰生猪总重量	吨
18	安全猪肉量	每月流向零售企业的安全猪肉重量	吨/月
19	屠宰企业不安全猪肉量	每月零售企业的不安全猪肉重量	吨/月
20	屠宰企业调整质量安全系数	由于政府的监管，促使屠宰企业达到的质量安全最低水平	—
21	屠宰企业不安全猪肉总量	状态变量，一定时期屠宰企业不安全生猪的总重量	吨
22	屠宰企业不安全猪肉漏网量	每月屠宰企业流向零售企业的不安全猪肉重量	吨/月
23	屠宰企业无害化处理量	每月屠宰企业无害化处理生猪的重量	吨/月
24	屠宰企业查处比重与调整质量系数表	表函数，屠宰企业不同的查处比重与调整质量系数的对应关系	—
25	屠宰企业无害化量占总量比重	每月屠宰企业无害化处理的生猪重量与流转到屠宰企业的生猪重量之比	—
26	屠宰企业被查处率	从屠宰企业不安全生猪总量中查处的不安全生猪比例	—
27	政府监管与屠宰企业查处率表	表函数，政府不同监管力度与查处屠宰企业不安全猪肉比例的对应关系	—
28	政府监管力度 B	政府相关部门对屠宰企业猪肉质量安全监管水平	—
29	零售企业猪肉数量	状态变量，一定时期零售企业销售的猪肉重量	吨
30	流向消费者的安全猪肉量	每月零售企业流向消费者的安全猪肉重量	吨/月
31	零售企业不安全猪肉量	每月零售企业的不安全猪肉重量	吨/月
32	零售企业调整质量安全系数	由于政府的监管，促使零售企业达到的质量安全最低水平	—

续表

序号	变量名称	变量含义	单位
33	零售企业不安全猪肉总量	状态变量，一定时期零售企业不安全生猪的总重量	吨
34	零售企业不安全猪肉漏网量	每月零售企业流向消费者的不安全猪肉重量	吨/月
35	零售企业无害化处理量	每月零售企业无害化处理生猪的重量	吨/月
36	零售企业查处比重与调整质量系数表	表函数，零售企业不同的查处比重与调整质量系数的对应关系	—
37	零售企业无害化量占总量比重	每月零售企业无害化处理的猪肉重量与流转到零售企业的猪肉重量之比	—
38	零售企业被查处率	从零售企业不安全猪肉总量中查处的不安全猪肉比例	—
39	政府监管与零售企业查处率表	表函数，政府不同监管力度与查处零售企业不安全猪肉比例的对应关系	—
40	政府监管力度C	政府相关部门对零售企业猪肉质量安全监管水平	—
41	消费者食用猪肉数量	状态变量，一定时期消费者食用的猪肉重量	吨
42	饲料质量水平	养殖企业所使用饲料的安全程度	—
43	疫病防治水平	养殖企业疫病防治的能力	—
44	福利水平	养殖企业提供生猪成长的环境	—
45	出栏量与饲料质量表	表函数，不同出栏量与饲料质量水平的对应关系	—
46	出栏量与疫病防治水平表	表函数，不同出栏量与疫病防治水平的对应关系	—
47	出栏量与福利水平表	表函数，不同出栏量与福利水平的对应关系	—
48	屠宰企业质量安全系数	根据屠宰企业经营的实际情况，估算的质量安全系数	—
49	屠宰前检疫检验水平	屠宰企业屠宰生猪前的检疫检验实施程度	—
50	屠宰操作规程	屠宰企业屠宰生猪的操作规程标准化水平	—

续表

序号	变量名称	变量含义	单位
51	出厂检验水平	屠宰企业对出厂猪肉的检验水平	—
52	屠宰能力	屠宰企业每年屠宰生猪的最大数量	万头/年
53	屠宰能力与屠宰前检疫检验水平表	表函数，不同屠宰能力与屠宰前检疫检验水平的对应关系	—
54	屠宰能力与屠宰操作规程表	表函数，不同屠宰能力与屠宰操作规程水平的对应关系	—
55	屠宰能力与出厂检验水平表	表函数，不同屠宰能力与出厂检验水平的对应关系	—
56	零售企业质量安全系数	根据零售企业经营的实际情况，估算的质量安全系数	—
57	销售渠道	农贸市场、大型超市、猪肉专卖店	—
58	入市检验水平	零售企业对进入市场猪肉的检验水平	—
59	质量追溯水平	零售企业对猪肉信息的追溯程度	—
60	诚信水平	零售企业的诚实守信程度	—
61	销售渠道与入市检验水平表	表函数，不同销售渠道与对猪肉检验水平的对应关系	—
62	销售渠道与质量追溯水平表	表函数，不同销售渠道与对猪肉质量信息追溯程度的对应关系	—
63	销售渠道与诚信水平表	表函数，不同销售渠道与诚信水平的对应关系	—
64	流向消费者不安全猪肉(生猪)的最大量	每月流向消费者的猪肉中，不安全猪肉的最大量	吨/月
65	流向消费者不安全猪肉(生猪)的最小量	每月流向消费者的猪肉中，不安全猪肉的最小量	吨/月

第三节　变量之间的关系、赋值

系统动力学模型流图中各个变量之间蕴含着一定的函数关系或逻辑关系。有的变量需要给出初始值，有的需要给出相互关系的系数。

一、变量之间的关系

生猪每月出栏量＝出栏量×出栏重量。

生猪出栏数量＝INTEG(生猪每月出栏量－养殖企业不安全生猪量－安全生猪量)。

安全生猪量＝MAX(生猪出栏数量×养殖企业质量安全系数，生猪出栏数量×养殖企业调整质量安全系数)。

养殖企业不安全生猪量＝生猪出栏数量－安全生猪量。

养殖企业调整质量安全系数＝DELAY1(养殖企业查处比重与调整质量系数表(养殖企业无害化量占总量比重)，1)。

养殖企业不安全生猪总量＝INTEG(养殖企业不安全生猪量－养殖企业不安全生猪漏网量－养殖企业无害化处理量)。

养殖企业不安全生猪漏网量＝养殖企业不安全生猪总量－养殖企业无害化处理量。

养殖企业无害化处理量＝养殖企业不安全生猪总量×养殖企业被查处率。

养殖企业被查处率＝政府监管与养殖企业查处率表(政府监管力度 A)。

养殖企业无害化量占总量比重＝养殖企业无害化处理量÷生猪每月出栏量。

饲料质量水平＝存栏量与饲料质量表。

疫病防治水平＝存栏量与疫病防治表。

福利水平＝存栏量与福利水平表。

屠宰生猪数量＝INTEG(养殖企业不安全生猪漏网量＋安全生猪量－屠宰企业不安全猪肉量－安全猪肉量)。

安全猪肉量＝MAX(屠宰生猪数量×屠宰企业质量安全系数，屠宰生猪数量×屠宰企业调整质量安全系数)。

屠宰企业不安全猪肉量＝屠宰生猪数量－安全猪肉量。

屠宰企业调整质量安全系数＝DELAY1(屠宰企业查处比重与调整质量系数表(屠宰企业无害化量占总量比重)，1)。

屠宰企业不安全猪肉总量＝INTEG(屠宰企业不安全猪肉量－屠宰企业不安全猪肉漏网量－屠宰企业无害化处理量)。

屠宰企业不安全猪肉漏网量＝屠宰企业不安全猪肉总量－屠宰企业无害化处理量。

屠宰企业无害化处理量＝屠宰企业不安全猪肉总量×屠宰企业被查处率。

屠宰企业无害化量占总量比重＝屠宰企业无害化处理量÷(生猪每月出栏量－养殖企业无害化处理量)。

屠宰企业被查处率＝政府监管与屠宰企业查处率表(政府监管力度 B)。

屠宰前检疫检验水平＝屠宰能力与屠宰前检疫检验水平表。

屠宰操作规程＝屠宰能力与屠宰操作规程表。

出厂检验水平＝屠宰能力与出厂检验水平表。

零售企业猪肉数量＝INTEG(安全猪肉量＋屠宰企业不安全猪肉漏网量－流向消费者的安全猪肉量－零售企业不安全猪肉量)。

流向消费者的安全猪肉量＝MAX(零售企业猪肉数量×零售企业质量安全系数，零售企业猪肉数量×零售企业调整质量安全系数)。

零售企业不安全猪肉量＝零售企业猪肉数量－流向消费者的安全猪肉量。

零售企业调整质量安全系数＝DELAY1(零售企业查处比重与调整质量系数表(零售企业无害化量占总量比重)，1)。

零售企业不安全猪肉总量＝INTEG(零售企业不安全猪肉量－零售企业不安全猪肉漏网量－零售企业无害化处理量)。

零售企业不安全猪肉漏网量＝零售企业不安全猪肉总量－零售企业无害化处理量。

零售企业无害化处理量＝零售企业不安全猪肉总量×零售企业被查处率。

零售企业无害化量占总量比重＝零售企业无害化处理量÷(生猪每月出栏量－养殖企业无害化处理量－屠宰企业无害化处理量)。

零售企业被查处率＝政府监管与零售企业查处率表(政府监管力度 C)。

消费者食用猪肉数量＝INTEG(流向消费者的安全猪肉量＋零售企业不安全猪肉漏网量)。

入市检验水平＝销售渠道与入市检验水平表。

质量追溯水平＝销售渠道与质量追溯水平表。

诚信水平＝销售渠道与诚信水平表。

流向消费者不安全猪肉(生猪)的最大量＝养殖企业不安全生猪漏网量＋屠宰企业不安全猪肉漏网量＋零售企业不安全猪肉漏网量。

流向消费者不安全猪肉(生猪)的最小量＝IFTHENELSE(IFTHENELSE(养殖企业不安全生猪漏网量＞屠宰企业无害化处理量，养殖企业不安全生猪漏网量－屠宰企业无害化处理量，0)＋屠宰企业不安全猪肉漏网量＞零售企业无害化处理量，IFTHENELSE(养殖企业不安全生猪漏网量＞屠宰企业无害化处理量，养殖企业不安全生猪漏网量－屠宰企业无害化处理量，0)＋屠宰企业不安全猪肉漏网量－零售企业无害化处理量，0)＋零售企业不安全猪肉漏网量。

二、变量赋值

1. 系数赋值

涉及系数赋值的关系式共有3个，分别为养殖企业质量安全系数、屠宰企业质量安全系数和零售企业质量安全系数。对影响它们的各个因素需要给定数值。经过对调研数据的整理，并结合专家的意见，最后的关系式定为：

养殖企业质量安全系数＝饲料质量水平×0.45＋疫病防治水平×0.45＋福利水平×0.1；

屠宰企业质量安全系数＝宰前检疫检验水平×0.3＋屠宰操作规程×0.4＋出厂检验水平×0.3；

零售企业质量安全系数＝入市检验水平×0.35＋诚信水平×0.2＋质量追溯水平×0.45。

2. 表函数赋值

模型中表函数共有15个。为了相对准确地表达变量之间的关系，需要透彻了解问题实质，并对问题的现实情况非常熟悉。通过对辽宁186家养殖企业、173家屠宰企业和115家零售企业的调研数据进行信息挖掘，深入企业实际详细了解行业实情，与地方畜牧兽医局、卫生局、工商行政管理局等相关部门多次沟通获取行业真实信息，查阅大量相关文献研究、统计年鉴，并与多位专家深入探讨，最后确定了15个表函数的赋值(如表7-2～表7-16所示)。

表7-2　养殖企业查处比重与调整质量系数表

养殖企业无害化量占总量比重	0.00005	0.0001	0.0005	0.001	0.005	0.01
养殖企业调整质量安全系数	0.8	0.85	0.9	0.94	0.97	0.99

表7-3　屠宰企业查处比重与调整质量系数表

屠宰企业无害化量占总量比重	0.0001	0.0005	0.001	0.005	0.01	0.015
屠宰企业调整质量安全系数	0.8	0.85	0.9	0.95	0.97	0.99

表7-4　零售企业查处比重与调整质量系数表

零售企业无害化量占总量比重	0.0001	0.00107	0.00275	0.005	0.007	0.01
零售企业调整质量安全系数	0.8	0.86	0.9	0.94	0.97	0.99

表 7-5　政府监管与养殖企业查处率表

政府监管力度 A	0.5	0.6	0.7	0.8	0.9	1
养殖企业被查处率	0.0005	0.001	0.005	0.01	0.05	0.1

表 7-6　政府监管与屠宰企业查处率表

政府监管力度 B	0.5	0.6	0.7	0.8	0.9	1
屠宰企业被查处率	0.01	0.05	0.1	0.15	0.2	0.25

表 7-7　政府监管与零售企业查处率表

政府监管力度 C	0.5	0.6	0.7	0.8	0.9	1
零售企业被查处率	0.001	0.005	0.014	0.033	0.054	0.1

表 7-8　出栏量与饲料质量表

出栏量	50	500	1000	2500	5000	10000
饲料质量水平	0.85	0.92	0.96	0.98	0.99	1

表 7-9　出栏量与疫病防治水平表

出栏量	50	500	1000	2500	5000	10000
疫病防治水平	0.8	0.9	0.95	0.96	0.97	0.99

表 7-10　出栏量与福利水平表

出栏量	50	500	1000	2500	5000	10000
福利水平	0.7	0.8	0.9	0.96	0.98	0.99

表 7-11　屠宰能力与屠宰前检疫检验水平表

屠宰能力	1	2	10	20	50	100
屠宰前检疫检验水平	0.8	0.95	0.96	0.99	0.999	1

表 7-12　屠宰能力与屠宰操作规程表

屠宰能力	1	2	10	20	50	100
屠宰操作规程	0.7	0.85	0.94	0.97	0.99	1

表 7-13　屠宰能力与出厂检验水平表

屠宰能力	1	2	10	20	50	100
出厂检验水平	0.7	0.89	0.95	0.97	0.99	1

表 7-14　销售渠道与入市检验水平表

销售渠道	1	2	3
入市检验水平	0.9	0.98	1

表 7-15　销售渠道与质量追溯水平表

销售渠道	1	2	3
质量追溯水平	0.25	0.8	0.98

表 7-16　销售渠道与诚信水平表

销售渠道	1	2	3
诚信水平	0.75	0.98	0.96

第四节　仿真结果分析

一、养殖企业与政府监管

养殖企业质量安全主要受养殖规模和政府监管两方面因素影响。其中，养殖企业规模主要影响养殖企业质量安全系数，即企业实际的质量安全水平；政府监管力度主要影响养殖企业调整质量安全系数，即通过刺激生猪养殖企业管理者的质量安全意识产生的调整质量安全水平。下面分别分析出栏量、政府监管数值的变化对生猪质量安全的影响。

1. 政府监管力度不变，养殖企业规模变动对生猪质量安全的影响

用出栏量来衡量养殖企业规模。分别调整出栏量的数量为出栏量 1＝50 头/年，出栏量 2＝1000 头/年，出栏量 3＝5000 头/年，对模型进行仿真模拟，对应的养殖企业质量安全系数分别为养殖企业质量安全系数 1、养殖企业质量安全系数 2 和养殖企业质量安全系数 3(如图 7-5 所示)。因为养殖企业质量安全系数不涉及正、负反馈，所以都是直线形式。通过直线的位置可知：出栏量的变化对养殖企业质量安全系数有着正向影响。

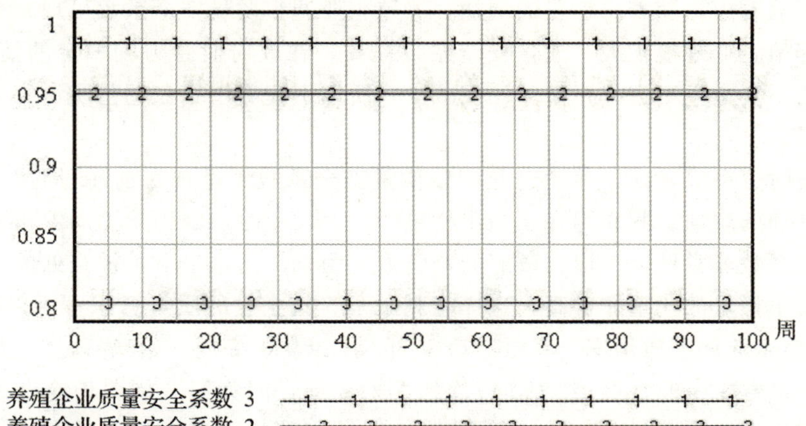

图 7-5　养殖企业质量安全系数随出栏量的变化情况

对于养殖企业调整质量安全系数来说，受到政府监管力度 A 和出栏量两个变量的影响。所以，先设定政府监管力度 A 为定值(政府监管力度 A=0.7)，在出栏量分别取 50 头/年、1000 头/年、5000 头/年时养殖企业调整质量安全系数分别为养殖企业调整质量安全系数 1、养殖企业调整质量安全系数 2、养殖企业调整质量安全系数 3，图 7-6 为养殖企业调整质量安全系数随出栏量的变化情况。

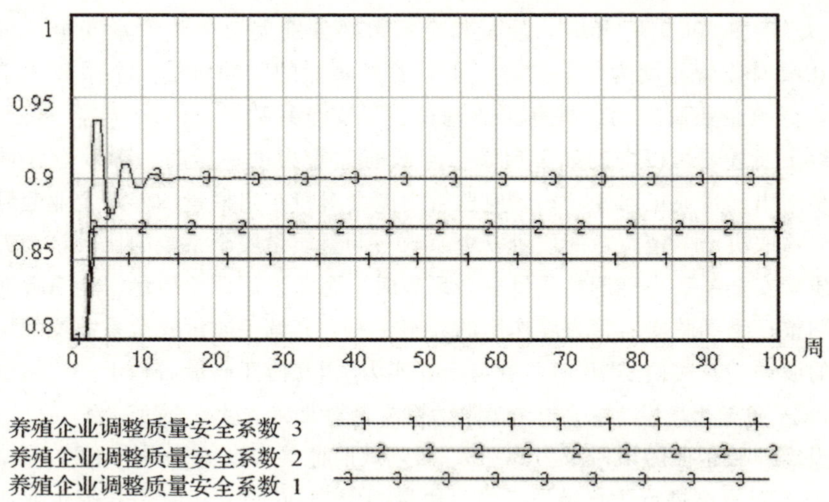

图 7-6　养殖企业调整质量安全系数随出栏量的变化情况

可以看出，随着出栏量的增加，养殖企业调整质量安全系数呈现减少的趋势。养殖企业规模扩大，质量安全系数提高，在政府监管力度一定的情况下，查处的不安全生猪占出栏量的比例减少，所以引起养殖企业调整质量安全的意识降低。

同时也可以发现，养殖企业调整质量安全系数1呈现在前45周波动，45周后平稳的现象。其原因在于当出栏量为50头/年时，因为第1周养殖企业质量安全系数非常低，所以在政府的监管力度为0.7的水平上，被查处的不安全生猪占出栏量的比重非常高，这样就刺激了养殖企业的质量意识，所以在第2周(养殖企业调整质量安全系数滞后1周，所以从第2周开始)养殖企业调整质量安全系数变得非常高(约0.94)。到了第3周，因为第2周养殖企业采用了调整质量安全系数(约0.94)，所以第3周被查处的不安全生猪量占出栏量的比重降低，因而第2周的调整质量安全系数降低。同时，由于"养殖企业调整质量安全系数—不安全生猪总量—政府监管—被查处的不安全生猪量占出栏量的比重"是负反馈循环，所以，养殖企业调整质量安全系数1最后会趋于一个固定值。

养殖企业调整质量安全系数2和养殖企业调整质量安全系数3自第2周开始后，一直保持一个固定值，并没有发生任何波动。原因在于养殖企业选择质量安全系数与调整质量安全系数两者中最大的系数进行养殖经营。在出栏量为1000头/年和5000头/年时，质量安全系数都分别大于调整质量安全系数。所以，在政府监管力度为0.7的环境下，养殖企业的实际质量安全系数大于企业预期，养殖企业没有动力提高企业调整质量安全系数。

综上所述，可以得到如下启示：当政府监管力度一定时，养殖企业质量安全水平与出栏量成正向变动；政府监管力度会对特定出栏量的养殖企业起到刺激作用，这取决于养殖企业的质量安全系数与调整质量安全系数的比较，当养殖企业的质量安全系数小于调整质量安全系数时，企业采用调整质量安全系数对企业进行调整；受到政府监管力度作用的养殖企业，其调整质量安全系数要经历一定周期的波动，其实质是"政府监管与企业实力"相互博弈而最后趋于一致的过程。

2. 养殖企业规模不变，政府监管力度变动对生猪质量安全的影响

设定养殖企业的出栏量为800头/年，政府监管力度A分别取值0.75、0.85和0.95，对模型进行仿真模拟。当出栏量固定为800头/年时，养殖企业质量安全系数是固定的，为0.93(如图7-7所示)。政府监管力度A取值为0.75、0.85和0.95时，分别对应养殖企业无害化量占总量比重1、2、3(如图7-8所示)。可见，随着政府监管力度的增加，养殖企业无害化量占总量比重也随之增加。其中，养殖企业无害化量占总量比重 1 是平稳的，即政府在监管力度为 0.75 的时候，在任何周期内，查处的生猪无害化量占出栏量的比重是固定的；养殖企业无害化量占总量比重 2、3 在前几周是波动的，然后趋于稳定。图 7-9 显示了与政府监管力度 A 变化相对应的养殖企业调整质量安全系数 1、2、3 的变化情况。

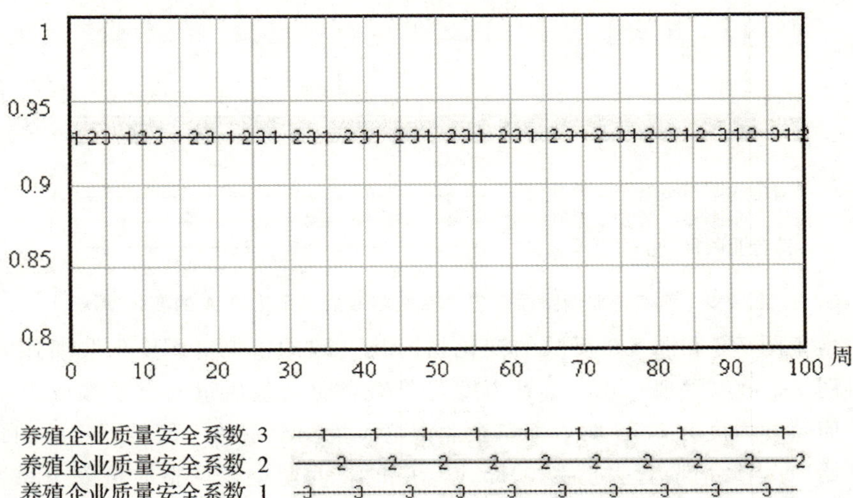

图 7-7　养殖企业质量安全系数随政府监管力度 A 的变化情况

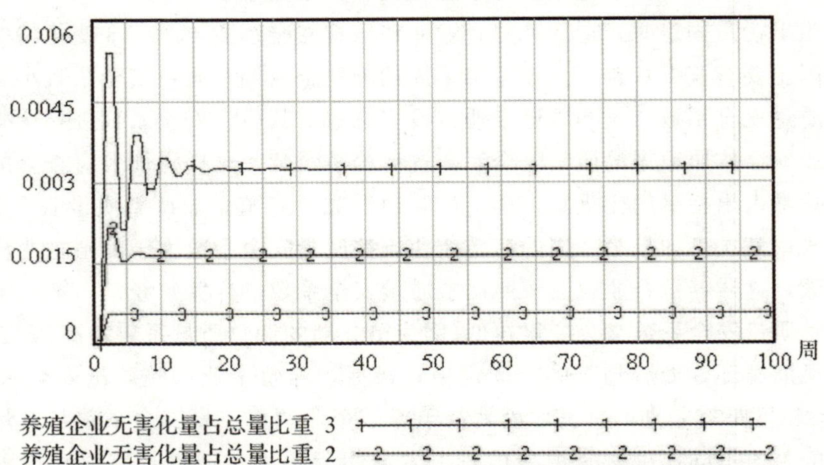

图 7-8　养殖企业无害化量占总量比重随政府监管力度 A 的变化情况

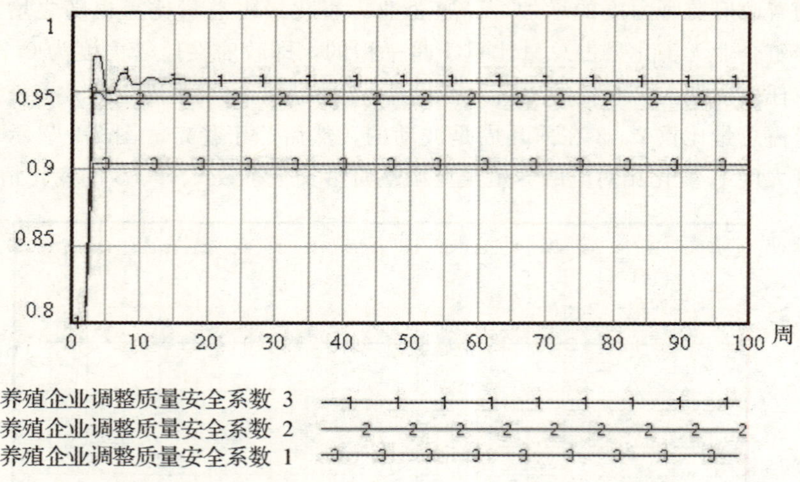

图 7-9　养殖企业调整质量安全系数随政府监管力度 A 的变化情况

由于图 7-8 和图 7-9 反映的变化情况是一致的，仅对图 7-9 做细致分析。通过图 7-9 可以发现，政府监管力度与养殖企业调整质量安全系数成正相关。当政府监管力度为 0.75 时，养殖企业调整质量安全系数 1 值是固定的(自第 2 周开始)；当政府监管力度为 0.85、0.95 时，养殖企业调整质量安全系数 2、3 的值自第 2 周开始上下波动，然后趋于稳定，同时养殖企业调整质量安全系数 3 的波动周期和振幅都大于养殖企业调整质量安全系数 2。

当出栏量固定时，造成养殖企业调整质量安全系数 1、2、3 变化情况不同的原因主要有三点：首先，如果第 2 周的养殖企业调整质量安全系数小于养殖企业质量安全系数，这样养殖企业就没有意愿对其质量安全系数进行调整，那么企业就会按照原来的质量安全系数进行养殖经营，这样每周政府查处的生猪无害化量占出栏量的比重总是固定的，即形成了养殖企业调整质量安全系数 1 的形式；其次，如果第 2 周的养殖企业调整质量安全系数大于养殖企业质量安全系数，这样养殖企业就会按照调整质量安全系数进行养殖经营，第 3 个周期中调整质量安全系数又会变得较低(因为第 2 周的调整质量系数较高)，这样形成负反馈循环，最后趋于一个固定值；最后，养殖企业调整质量安全系数 2、3 变动幅度是有差别的，其原因就在于养殖企业调整质量安全系数与质量安全系数的差值不同，也就是说差值较大者会引起更大的波动，差值较小者波动较小。

综上所述，可以得到如下启示：在养殖企业规模固定的情况下，增加政府监管力度会提高养殖企业的调整质量安全系数。但是，这并不意味着养殖企业会做出调整。只有当调整质量安全系数大于质量安全系数时，养殖企业才会增强质量意识，采用调整质量安全系数进行养殖经营。同时，如果养殖企业采用调整质量安全系数，会有一段时间的质量安全系数波动过程，波动的剧烈程度和养殖企业调整质量安全系数与质量安全系数的差值成正相关。

二、屠宰企业与政府监管

屠宰企业质量安全主要受屠宰能力和政府监管两方面因素影响。其中，屠宰能力主要影响屠宰企业质量安全系数，即企业实际的质量安全水平；政府监管力度主要影响屠宰企业调整质量安全系数，即通过刺激屠宰企业管理者的质量安全意识产生的调整质量安全水平。下面分别分析屠宰能力、政府监管数值的变化对生猪质量安全的影响。

1. 政府监管力度不变，屠宰能力变动对生猪质量安全的影响

设定政府监管力度 B 为 0.7，屠宰能力分别取值 2 万头/年、15 万头/年和 50 万头/年。经过仿真模拟，得到屠宰企业质量安全系数随屠宰能力的变化情况(如图 7-10 所示)。可见，随着屠宰能力加大，屠宰企业质量安全系数在不断提高。当屠宰能力为 15 万头/年时，屠宰企业质量安全系数超过了 0.95。图 7-11 显示了屠宰企业无害化量占总量比重随屠宰能力的变化情况，屠宰企业无害化量占总量比重 1、2、3，分别对应屠宰能力 2 万头/年、15 万头/年和 50 万头/年。当屠宰能力为 15 万头/年和 50 万头/年时，从第 2 周开始屠宰企业无害化量占总量比重是固定的；当屠宰能力取值 2 万头/年时，在前 80 周内屠宰企业无害化量占总量比重呈现波动。说明较低的屠宰能力(2 万头/年)受到了政府监管力度的影响，较高的屠宰能力(15 万头/年和 50 万头/年)较少受政府监管力度影响。

图 7-12 更能清楚地说明屠宰企业质量调整变动情况。和图 7-11 类似，当屠宰能力为 15 万头/年和 50 万头/年时，从第 2 周开始屠宰企业调整质量安全系数是固定的；当屠宰能力为 2 万头/年时，在前 80 周内屠宰企业调整质量安全系数呈现波动。这是因为当屠宰能力为 15 万头/年和 50 万头/年时，屠宰企业质量安全系数大于其调整质量安全系数，所以，屠宰企业不会因为政府的监管查处而改变质量安全系数；当屠宰能力取值 2 万头/年时，屠宰企业质量安全系数(0.89)小于其调整质量安全系数(0.95)，由于政府监管查处了较多不安全猪肉，就刺激了屠宰企业改变质量生产能力。从第 2 周至第 30 周，屠宰企

业调整质量安全系数的波动是非常明显的，然后逐渐趋向稳定，这是因为本周的屠宰企业调整质量安全系数取决于上一周屠宰企业所采用的屠宰企业调整质量安全系数与屠宰企业质量安全系数两者中的最大值。“屠宰企业调整质量安全系数—不安全猪肉总量—政府监管—被查处的不安全猪肉量占出栏量的比重”是负反馈循环。

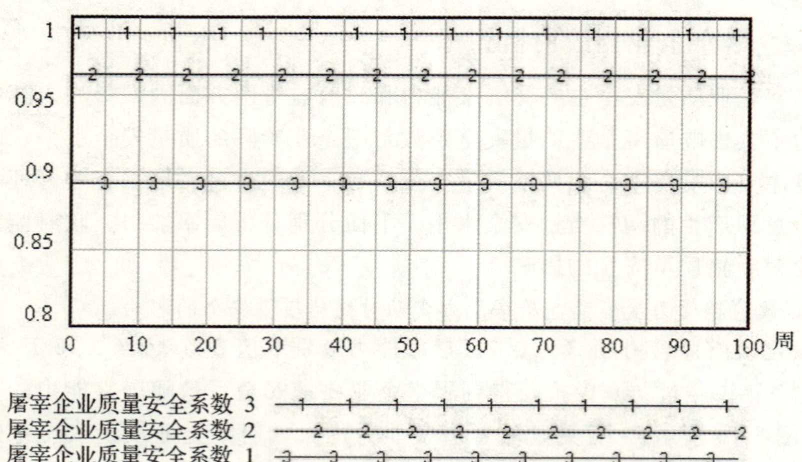

图 7-10　屠宰企业质量安全系数随屠宰能力的变化情况

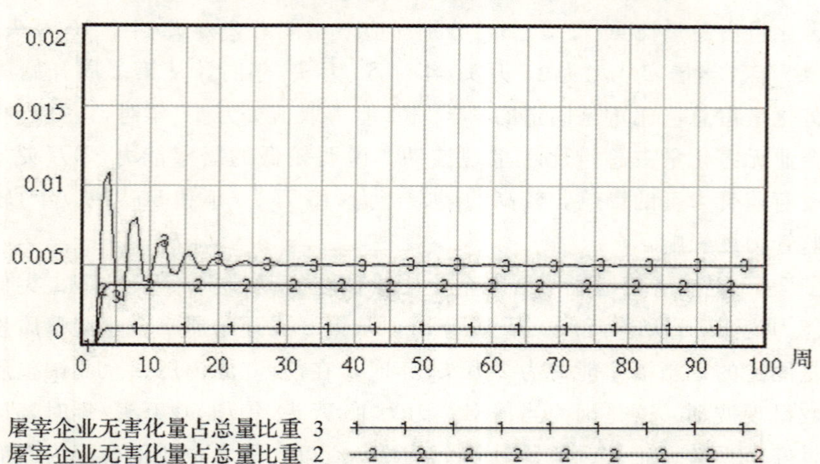

图 7-11　屠宰企业无害化量占总量比重随屠宰能力的变化情况

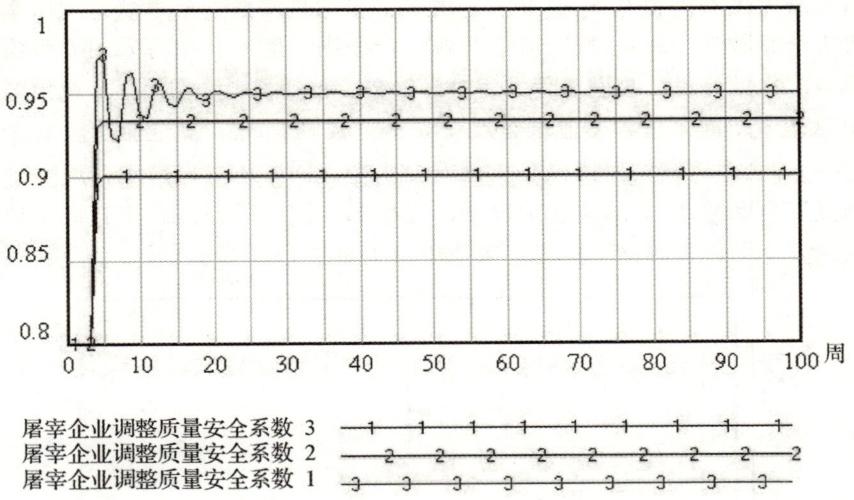

图 7-12 屠宰企业调整质量安全系数随屠宰能力的变化情况

综上所述，可以得到如下启示：当政府监管力度一定，屠宰企业质量安全水平与屠宰能力成正向变动；政府监管力度会对特定屠宰能力的企业起到刺激作用，这取决于屠宰企业的质量安全系数与调整质量安全系数的比较，当屠宰企业本身的质量安全系数小于调整质量安全系数时，企业采用调整质量安全系数，对企业进行调整；受到政府监管力度作用的屠宰企业，其调整质量安全系数要经历一定时间的波动，其实质是“政府监管与企业实力”相互博弈最后趋于一致的过程。

2. 屠宰能力不变，政府监管力度变动对生猪质量安全的影响

设定屠宰能力为 10 万头/年，政府监管力度 B 分别取值 0.7、0.8 和 0.9，进行仿真模拟。当屠宰能力为定值时，屠宰企业质量安全系数不受政府监管力度 B 的影响。在政府监管力度 B 取不同值的情况下，屠宰企业质量安全系数均为定值 0.952(如图 7-13 所示)。随着政府监管力度 B 的提高，屠宰企业无害化量占总量比重也跟着上升。与政府监管力度 B 取值 0.7、0.8、0.9 时相对应的屠宰企业无害化量占总量比重分别为 0.0048、0.0065、0.0079(如图 7-14 所示)。其中，屠宰企业质量安全系数 2、3 所对应的曲线在前几周发生了不同程度的波动，说明政府监管力度对企业产生了作用。

政府监管力度 B 对屠宰企业的影响直接地体现在屠宰企业无害化量占总量比重指标上。屠宰企业根据该指标对质量安全系数进行调整。图 7-15 显示了随着政府监管力度 B 的取值变动，屠宰企业调整质量安全系数的变动情况。当

政府监管力度B取值0.8、0.9时，屠宰企业调整质量安全系数大于屠宰企业质量安全系数(0.952)。按照屠宰企业生产原则，屠宰企业将采用调整质量安全系数。也就是说，政府监管力度对屠宰企业起到了刺激作用。当政府监管力度B取值0.7时，屠宰企业调整质量安全系数稍小于屠宰企业质量安全系数(0.952)，企业将继续保持原有质量安全水平。同时还可以发现，屠宰企业调整质量安全系数2、3的波动情况是不一样的。波动的原因在于：屠宰企业选择质量安全系数与调整质量安全系数中最大者进行经营；“屠宰企业调整质量

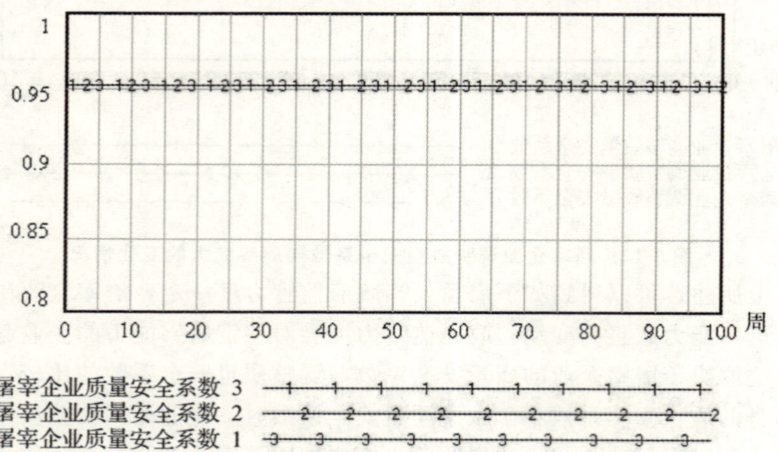

图 7-13　屠宰企业质量安全系数随政府监管力度 B 的变化情况

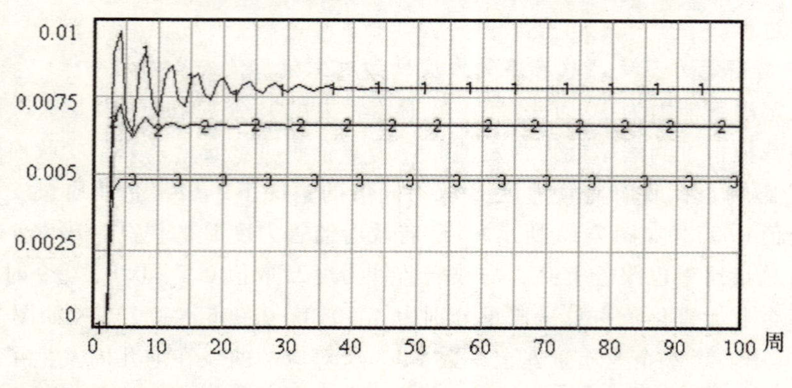

图 7-14　屠宰企业无害化量占总量比重随政府监管力度 B 的变化情况

安全系数—不安全猪肉总量—政府监管—被查处的不安全猪肉量占出栏量的比重”是负反馈循环。在波动的幅度方面，屠宰企业选择了调整质量安全系数经营后，政府监管力度 B 越大，屠宰企业调整质量安全系数的波动性就越大。

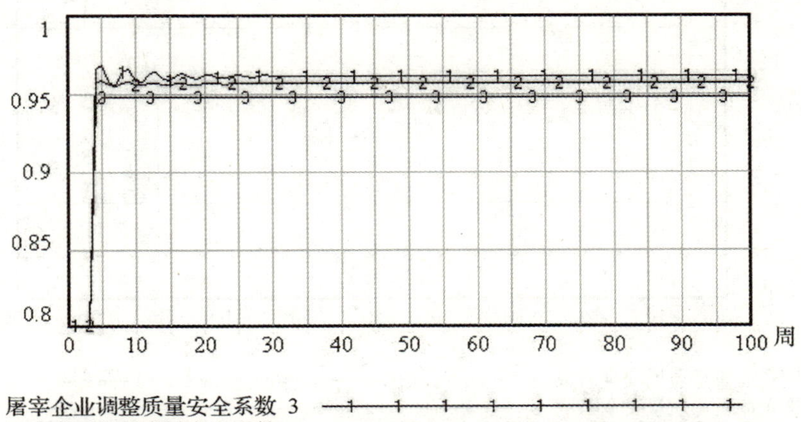

图 7-15　屠宰企业调整质量安全系数随政府监管力度 B 的变化情况

综上所述，可以得到如下启示：在屠宰能力一定的情况下，增加政府监管力度会提高屠宰企业的调整质量安全系数；屠宰企业选择质量安全系数与调整质量安全系数两者中最大者进行经营，所以，只有由政府监管力度影响的屠宰企业调整质量安全系数超过其质量安全系数时，才能对屠宰企业产生刺激，屠宰企业才会增强质量意识，采用调整质量安全系数进行屠宰经营；屠宰企业采用调整质量安全系数，会有一段时间的波动过程，波动的剧烈程度和屠宰企业调整质量安全系数与质量安全系数的差值成正相关。

三、零售企业与政府监管

1. 政府监管力度不变，销售渠道变动对猪肉质量安全的影响

设定政府监管力度 C 为 0.75，销售渠道分别取值 1、2、3，即农贸市场、大型超市、猪肉专卖店，对模型进行仿真模拟。图 7-16 显示了零售企业质量安全系数随销售渠道的变化情况，可见猪肉专卖店销售的猪肉比农贸市场销售的猪肉安全程度高很多。由于农贸市场销售的猪肉质量安全程度较低，在政府监管力度一定的情况下，对其刺激也较大。图 7-17 就显示了不同销售渠道，零售企业无害化量占总量比重的情况。可以看出，在大型超市和猪肉专卖店销

售的猪肉无害化量占总量比重是固定的；在农贸市场销售的猪肉无害化量占总量比重在第 2 周至第 25 周发生了较大波动。

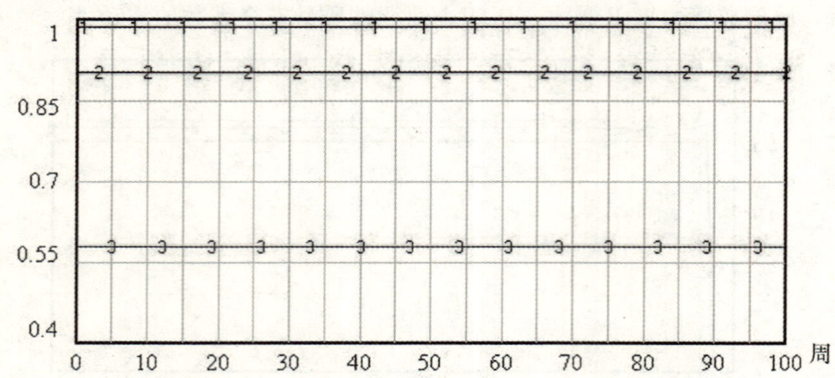

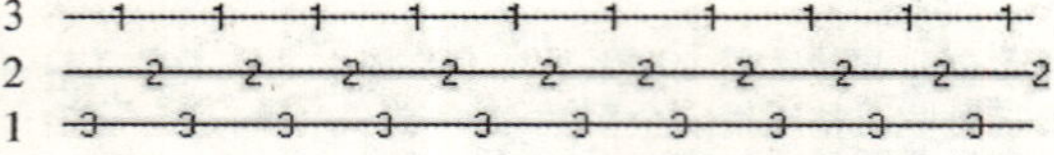

图 7-16　零售企业质量安全系数随销售渠道的变化情况

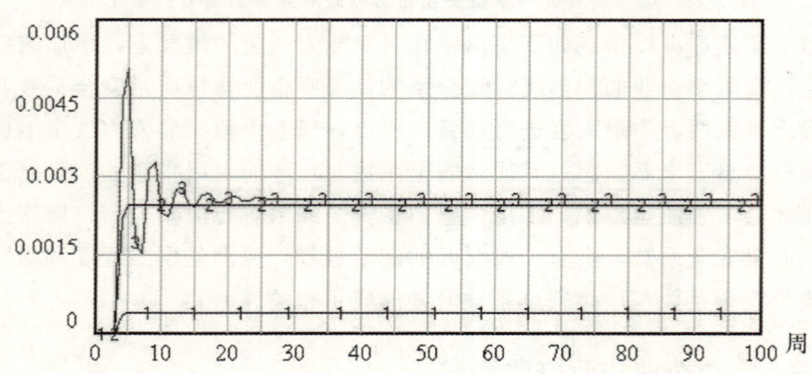

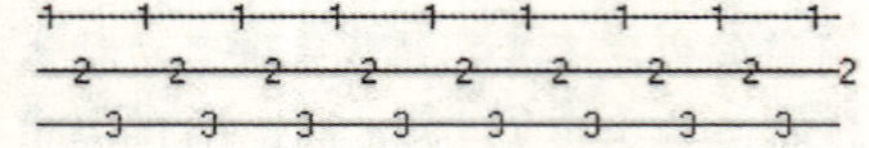

图 7-17　零售企业无害化量占总量比重随销售渠道的变化情况

图 7-18 是对图 7-17 的进一步刻画，显示了在农贸市场、大型超市、猪肉专卖店三种不同渠道销售猪肉的零售企业调整质量安全系数的变化情况。零售企业调整质量安全系数曲线越低，说明被查处的不安全猪肉占总量的比重越低，企业本身的质量安全系数水平较高。零售企业调整质量安全系数 2、3 均

处于较低的位置，且水平稳定，说明大型超市、猪肉专卖店的质量安全系数高于调整质量安全系数，即大型超市、猪肉专卖店较少受到政府监管力度的影响。零售企业调整质量安全系数1处于较高的位置，且第2周至第25周发生了波动，说明政府监管力度对农贸市场的质量安全水平起到了刺激作用，调整质量安全系数最后稳定到0.9的水平，高于质量安全系数。

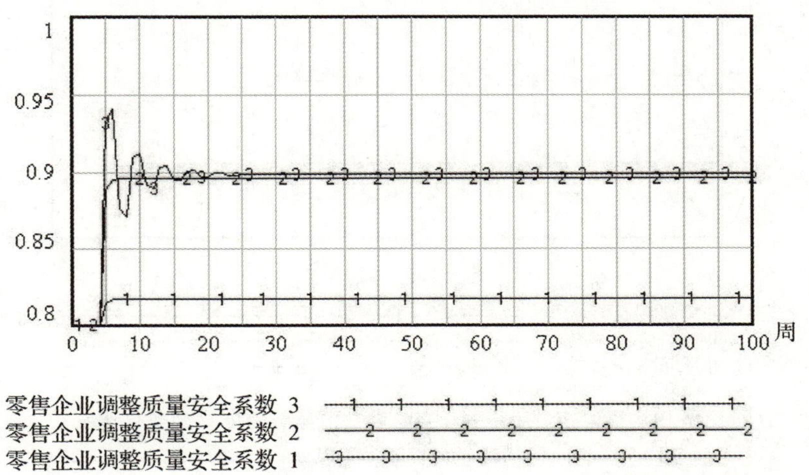

图 7-18　零售企业调整质量安全系数随销售渠道的变化情况

零售企业调整质量安全系数1波动的原因和养殖企业、屠宰企业的相关情况类似，其本质都在于：第1周零售企业固定选择质量安全系数，第1周以后，零售企业将选择质量安全系数与调整质量安全系数中较大的进行企业经营；如果第2周也选择了质量安全系数，那么就说明政府的监管力度对零售企业没有起到刺激作用，如果第2周选择了调整质量安全系数，那么，该系数将围绕“零售企业调整质量安全系数—不安全猪肉总量—被查处的不安全猪肉量占出栏量的比重”负反馈循环产生波动，一直到一定时间后趋于稳定。

2. 销售渠道不变，政府监管力度变动对猪肉质量安全的影响

设定销售渠道为2，即大型超市，政府监管力度C分别取0.7、0.8和0.9，对模型进行仿真模拟。由于零售企业质量安全系数仅与企业自身的条件有关，所以改变政府监管力度C对其没有影响，零售企业质量安全系数为固定值0.904(如图7-19所示)。随着调整政府监管力度C，被查处的不安全猪肉的数量有着明显变化。当政府监管力度C分别取0.7、0.8和0.9时，随政府监管力度提高，大型超市的猪肉无害化量占总量比重明显提高，并且零售企业

无害化量占总量比重 2、3 开始发生波动，这意味着政府监管力度 C 已经提高到迫使大型超市进行调整的水平。同时也可以看出，政府监管力度 C 为 0.9 时，零售企业无害化量占总量比重 3 一直处于波动状态(如图 7-20 所示)。

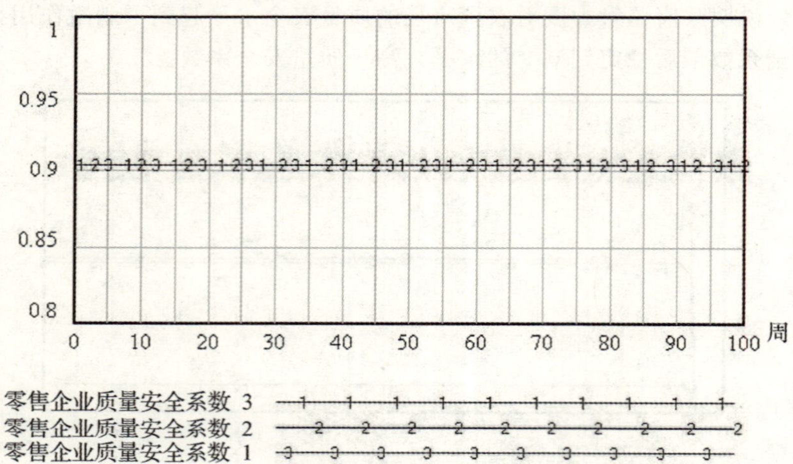

图 7-19　零售企业质量安全系数随政府监管力度 C 的变化情况

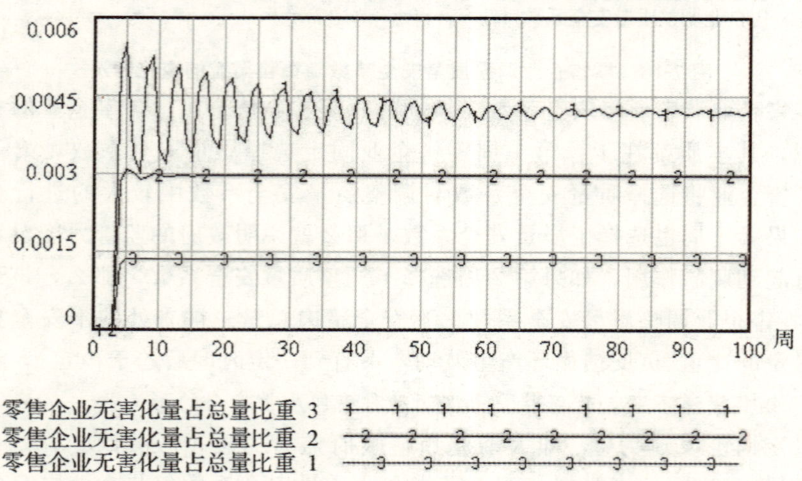

图 7-20　零售企业无害化量占总量比重随政府监管力度 C 的变化情况

零售企业调整质量安全系数是无害化量占总量比重在企业内部的直接表现，所以这两个变量的变化情况是基本一致的。图 7-21 显示了零售企业调整质量安全系数随政府监管力度 C 的变化情况。可以看出，当政府监管力度 C 取 0.7 时，零售企业调整质量安全系数为 0.87，低于零售企业质量安全系数

0.904，所以政府的监管力度对大型超市没有影响；当政府监管力度 C 取 0.8、0.9 时，零售企业调整质量安全系数为 0.908、0.926，高于零售企业质量安全系数 0.904，所以政府迫使大型超市调整质量安全系数。零售企业调整质量安全系数 3 要比零售企业调整质量安全系数 2 波动的时间更长、幅度更大，说明如果因政府的监管力度而产生的调整质量安全系数远远高于企业质量安全系数时，市场上会发生很大的质量波动。政府监管力度越强，波动的幅度和时间也就越长，但是稳定后的调整质量安全系数也越高。

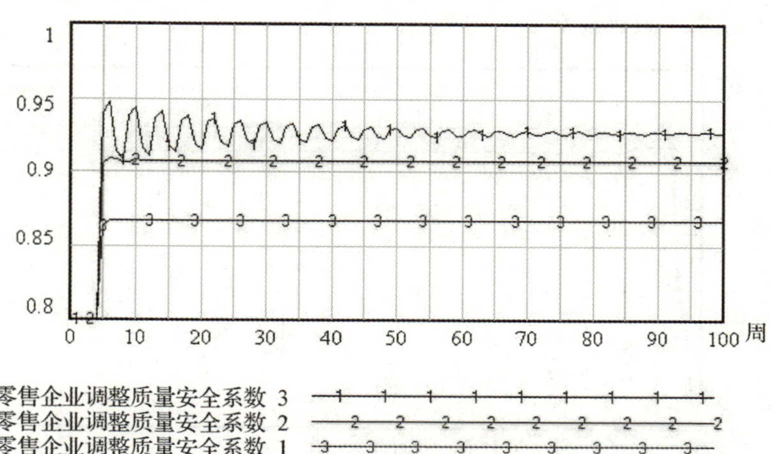

图 7-21　零售企业调整质量安全系数随政府监管力度 C 的变化情况

综上所述，可以得到如下启示：在销售渠道一定的情况下，增加政府监管力度会提高零售企业的调整质量安全系数；零售企业选择质量安全系数与调整质量安全系数两者中的最大者进行经营，所以，只有由政府监管力度影响的零售企业调整质量安全系数超过其质量安全系数时，才能对零售企业产生刺激，零售企业才会增强质量意识，采用调整质量安全系数进行销售经营；零售企业采用政府迫使的调整质量安全系数，会有一段时间的质量系数波动过程，波动的剧烈程度和零售企业调整质量安全系数与质量安全系数的差值成正相关。

四、整个供应链中不安全猪肉量变化情况

猪肉封闭供应链涉及养殖、屠宰、零售等环节，各个环节形成一个有机的系统。对养殖、屠宰、零售三个环节分别模拟完之后，下面对整个链条作用下的流向消费者不安全猪肉(生猪)的最大量、流向消费者不安全猪肉(生猪)的最小量进行仿真模拟。模拟在不同条件下，变量流向消费者不安全猪肉(生猪)的

最大量、流向消费者不安全猪肉(生猪)的最小量的变化情况。

1. 政府监管力度变化的影响

设定出栏量为1000头/年，屠宰能力为15万头/年，销售渠道为大型超市，政府监管A、B、C均为0.8。变动对养殖企业的政府监管力度，图7-22显示了政府监管力度A由0.8变为0.9时，流向消费者不安全猪肉(生猪)的最大量、流向消费者不安全猪肉(生猪)的最小量的变化情况。可见，流向消费者不安全猪肉(生猪)的最大量、流向消费者不安全猪肉(生猪)的最小量都有所减少，不过减少的数量不多。

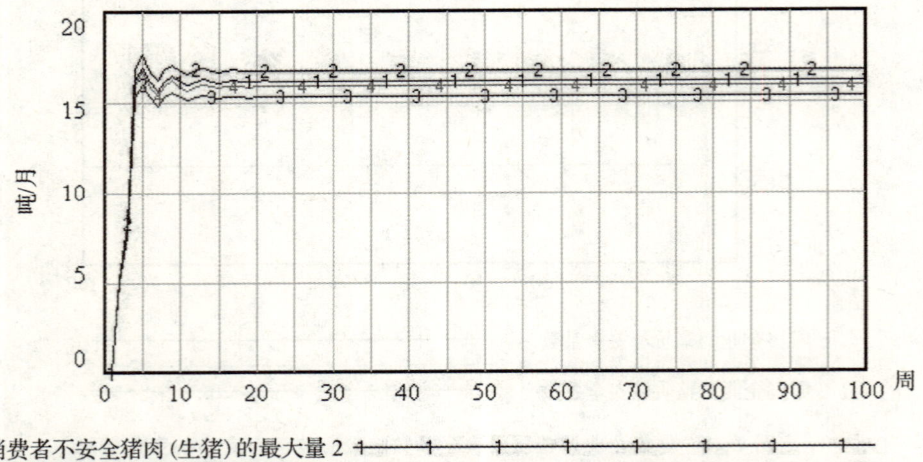

图7-22　政府监管力度A变化带来的影响

设定出栏量为1000头/年，屠宰能力为15万头/年，销售渠道为大型超市，政府监管A、B、C均为0.8。变动对屠宰企业的政府监管力度，图7-23显示了政府监管系数B由0.8变为0.9时，流向消费者不安全猪肉(生猪)的最大量、流向消费者不安全猪肉(生猪)的最小量的变化情况。可见，流向消费者不安全猪肉(生猪)的最大量、流向消费者不安全猪肉(生猪)的最小量都有所减少，不过减少的数量不多。

设定出栏量为1000头/年，屠宰能力为15万头/年，销售渠道为大型超市，政府监管A、B、C均为0.8。变动对屠宰企业的政府监管力度，图7-24显示了政府监管系数C由0.8变为0.9时，流向消费者不安全猪肉(生猪)的最大量、流向消费者不安全猪肉(生猪)的最小量的变化情况。可见，流向消费者不安全猪肉

(生猪)的最大量、流向消费者不安全猪肉(生猪)的最小量都有所减少，与图 7-22、图 7-23 相比，该情况的减少量最多。仅从政府监管力度的角度来看，加强对零售企业的监管，对提高猪肉质量安全的效果更明显。

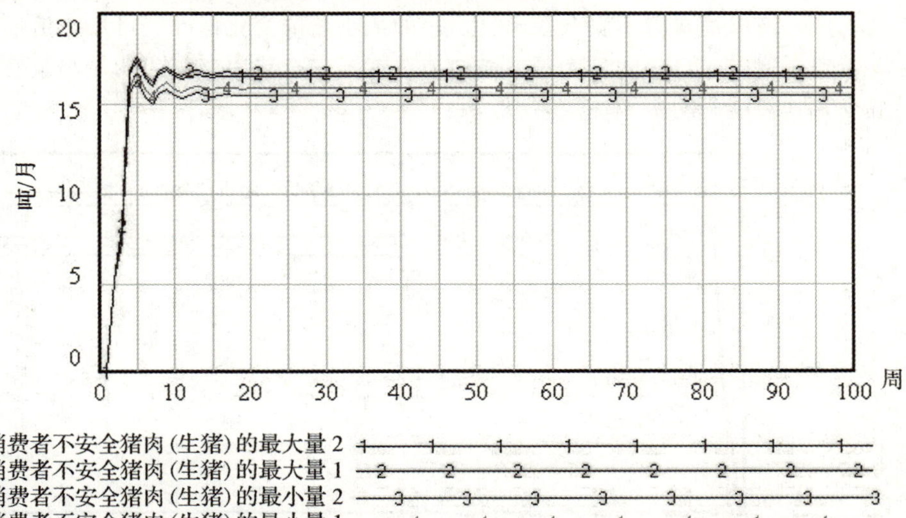

图 7-23　政府监管力度 B 变化带来的影响

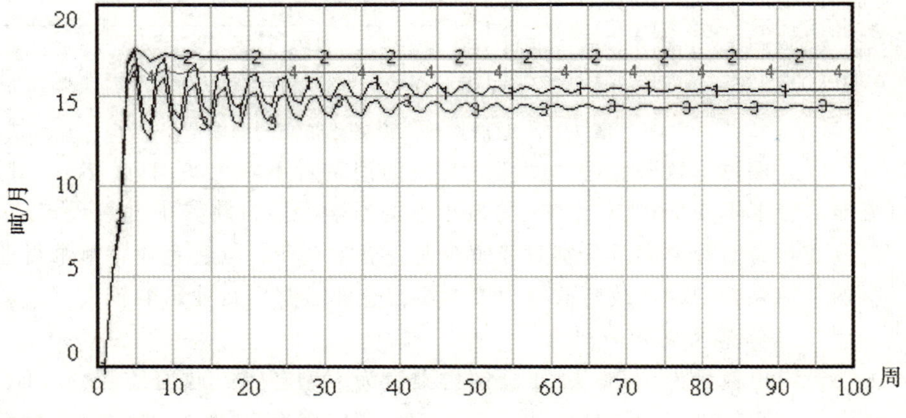

图 7-24　政府监管力度 C 变化带来的影响

改变模型的结构，将政府监管力度A、B、C统一为政府监管力度，设定出栏量为1000头/年，屠宰能力为15万头/年，销售渠道设为大型超市，图7-25显示了政府监管力度由0.8变成0.9时，流向消费者不安全猪肉(生猪)的最大量、流向消费者不安全猪肉(生猪)的最小量的变化情况。可见，流向消费者不安全猪肉(生猪)的最大量、流向消费者不安全猪肉(生猪)的最小量都有所减少，其程度与图7-24相差不大。

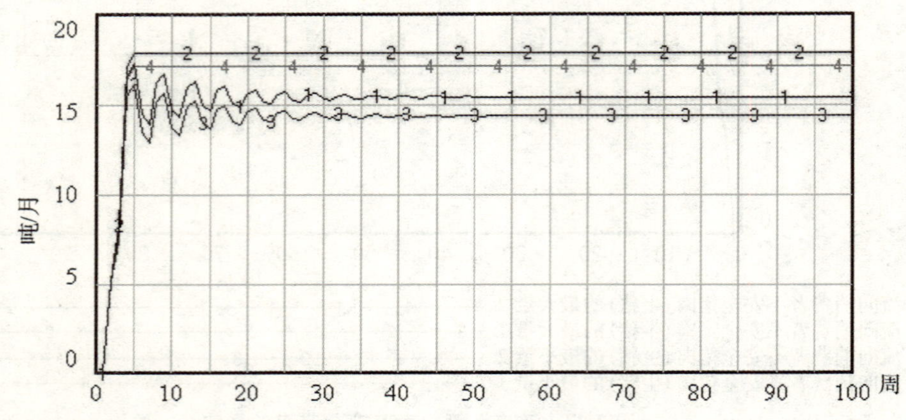

图7-25　政府监管力度变化带来的影响

以上探讨了政府监管力度变化对流向消费者不安全猪肉(生猪)的最大量、流向消费者不安全猪肉(生猪)的最小量的影响。通过将其他变量设定成定值，仅改变政府监管力度，分别对养殖企业、屠宰企业、零售企业、整个行业实施影响，结果表明改变政府监管力度对零售企业、整个行业影响较大。

2. 屠宰能力变化的影响

设定出栏量为1000头/年，销售渠道为大型超市，政府监管A、B、C均为0.8，图7-26显示了屠宰能力由15万头/年变为50万头/年时，流向消费者不安全猪肉(生猪)的最大量、流向消费者不安全猪肉(生猪)的最小量的变化情况。可见，流向消费者不安全猪肉(生猪)的最大量、流向消费者不安全猪肉(生猪)的最小量都有所减少。

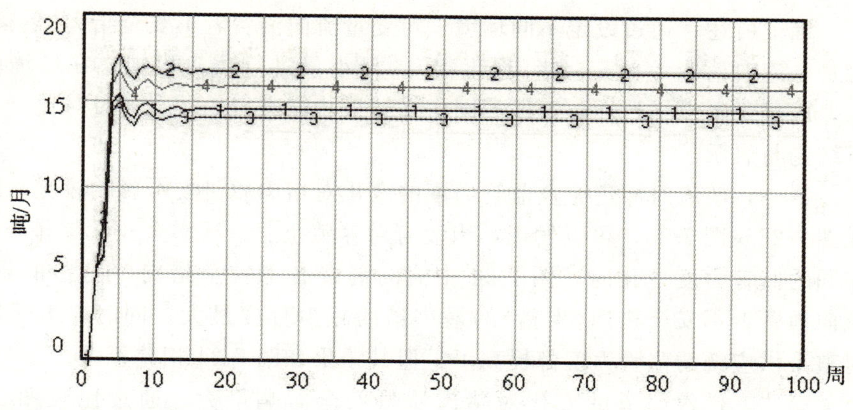

图 7-26　屠宰能力变动带来的影响

3. 销售渠道变化的影响

设定出栏量为 1000 头/年，屠宰能力为 15 万头/年，政府监管 A、B、C 均为 0.8，图 7-27 显示了销售渠道由大型超市变为专卖店时，流向消费者不安全猪肉(生猪)的最大量、流向消费者不安全猪肉(生猪)的最小量的变化情况。可见，流向消费者不安全猪肉(生猪)的最大量、流向消费者不安全猪肉(生猪)的最小量都有很大程度的减少。

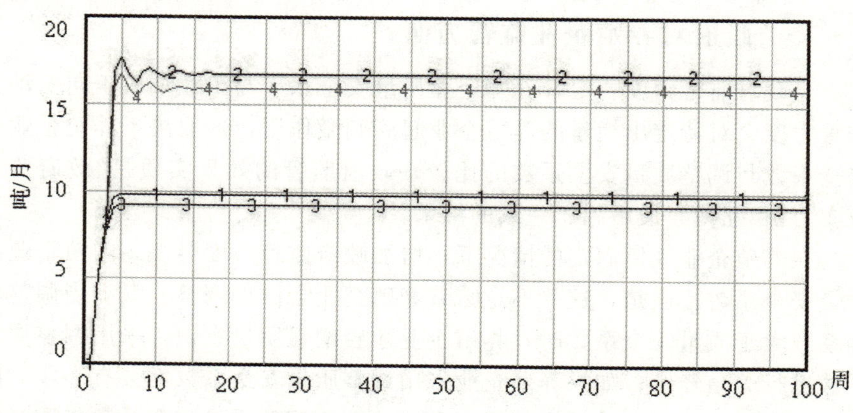

图 7-27　销售渠道变动带来的影响

综上所述，通过设定不同环境，对变量流向消费者不安全猪肉(生猪)的最大量、流向消费者不安全猪肉(生猪)的最小量进行仿真模拟。在环境的设定上，应尽量考虑一致性，这样不同仿真结果才能进行比较。通过对比，得到如下结论与启示。

第一，政府对零售企业监管力度的变化对猪肉质量安全影响较大。通过对比图 7-22～图 7-25，可以发现，当政府对养殖企业、屠宰企业、零售企业实施相同的监管力度变化时，图 7-24 中流向消费者不安全猪肉(生猪)的最大量、流向消费者不安全猪肉(生猪)的最小量的减少程度最大。同时，虽然图 7-25 对整个供应链的监管力度都提高了，但其结果和图 7-24 相差不大。

第二，销售渠道的变化对猪肉质量安全影响最大。通过比较图 7-26 和图 7-27，可以看出图 7-27 中流向消费者不安全猪肉(生猪)的最大量、流向消费者不安全猪肉(生猪)的最小量的减少程度最大。

第五节 结论与启示

猪肉质量安全涉及养殖企业、屠宰企业、零售企业以及政府监管。这些节点相互作用，共同影响着猪肉质量安全。本章基于猪肉供应链各节点企业之间的关系，以猪肉质量为核心，构建了猪肉封闭供应链系统动力学模型。通过对模型变量赋值，利用 Vensim PLE 软件模拟，得出如下结论与启示。

一、政府对养殖企业监管方面

当政府监管力度一定，养殖企业质量安全水平与出栏量成正向变动。政府监管力度会对特定出栏量的养殖企业起到刺激作用，这取决于养殖企业的质量安全系数与调整质量安全系数的比较，政府监管的效果实质是“政府监管与企业实力”相互博弈最后趋于一致的结果。

在养殖企业规模固定的情况下，增加政府监管力度会提高养殖企业的调整质量安全系数。但是，这并不意味着养殖企业会做出调整。只有当调整质量安全系数大于质量安全系数时，养殖企业才会增强质量意识，采用调整质量安全系数进行养殖经营；如果养殖企业采用调整质量安全系数，会有一段时间的质量安全系数波动，波动的剧烈程度和养殖企业调整质量安全系数与质量安全系数的差值成正相关。

二、政府对屠宰企业监管方面

当政府监管力度一定，屠宰企业质量安全水平与屠宰能力成正向变动。政府监管力度会对特定屠宰能力的企业起到刺激作用，这取决于屠宰企业的质量安全系数与调整质量安全系数的比较。受到政府监管力度作用的屠宰企业，其调整质量安全系数要经历一定周期的波动，其实质是“政府监管与企业实力”相互博弈最后趋于一致的结果。

在屠宰能力一定的情况下，增加政府监管力度会提高屠宰企业的调整质量安全系数；屠宰企业选择质量安全系数与调整质量安全系数两者中最大者进行经营，所以，只有由政府监管力度影响的屠宰企业调整质量安全系数超过其质量安全系数时，才能对屠宰企业产生刺激，屠宰企业才会增强质量意识，采用调整质量安全系数进行屠宰经营；屠宰企业采用调整质量安全系数，会有一段时间的质量系数波动，波动的剧烈程度和屠宰企业调整质量安全系数与质量安全系数的差值成正相关。

三、政府对零售企业监管方面

在销售渠道一定的情况下，增加政府监管力度会提高零售企业的调整质量安全系数；零售企业选择质量安全系数与调整质量安全系数两者中最大者进行经营，所以，只有由政府监管力度影响的零售企业调整质量安全系数超过其质量安全系数时，才能对零售企业产生刺激，零售企业才会增强质量意识，采用调整质量安全系数进行销售经营；零售企业采用政府迫使的调整质量安全系数，会有一段时间的质量系数波动，波动的剧烈程度和零售企业调整质量安全系数与质量安全系数的差值成正相关。

四、在供应链整体方面

在其他变量一定的情况下，仅改变政府监管力度，分别对养殖企业、屠宰企业、零售企业、整个行业实施影响，结果表明零售企业、整个行业的变量(流向消费者不安全猪肉(生猪)的最大量、流向消费者不安全猪肉(生猪)的最小量)变动最大，即政府监管对零售企业的效果最明显。

在一般环境下，通过对不同养殖规模、不同屠宰能力、不同渠道的模拟，流向消费者不安全猪肉(生猪)的最大量、流向消费者不安全猪肉(生猪)的最小量在不同渠道上面表现最为优异，所以销售渠道的变化对猪肉质量安全影响最大。

所以，从整个猪肉供应链角度来看，加强对各个节点企业的监管是有一定实践意义的；零售企业是将猪肉送向消费者的最后一道关口，加强对零售企业的监管对提高猪肉质量安全的意义是最大的；通过对零售企业的严格监管，从而带动屠宰企业、养殖企业的质量意识可能对加强猪肉质量安全更有意义。

第八章 建议

我国是世界上最大的猪肉生产国和消费国。多少年来，猪肉一直是我国人民情有独钟的肉类食品之一。但是，我国猪肉质量安全水平并不高，猪肉质量事件频频发生，这严重影响了消费者身心健康。在此背景下，很多研究者从不同角度进行了研究。事实上，猪肉的质量水平与养殖企业、屠宰企业、零售企业等多个主体都有着直接、紧密的联系。本书的研究突破了已有研究仅从猪肉链条的个别或某些环节进行研究的弊端，将与猪肉质量安全有关联的重要环节囊括其中，构建了基于养殖企业、屠宰企业、零售企业、消费者与政府监管的猪肉封闭供应链。猪肉封闭供应链是"从田间到饭桌"全过程控制猪肉质量安全的切入点，体现了控制的系统性。围绕猪肉封闭供应链，对生猪养殖环节、生猪屠宰环节、猪肉零售环节各节点进行了细致阐述，提炼出我国猪肉质量安全存在的主要问题，阐明了影响控制我国猪肉质量安全的主要因素及瓶颈，厘清了消费者对不同质量猪肉的态度及影响因素。

本书围绕养殖企业—屠宰企业—零售企业—消费者流程与政府监管之间的关系，引入相关变量，构建了猪肉封闭供应链系统动力学模型。通过仿真模拟，结果显示：从整个猪肉供应链角度来看，加强对各个节点企业的监管是有一定实践意义的；零售企业是将猪肉送向消费者的最后一道关口，加强对零售企业的监管对提高猪肉质量安全的意义是最大的；通过对零售企业的严格监管，带动屠宰企业、养殖企业的质量意识可能对加强猪肉质量安全更有显著意义。基于此，提出如下几点建议。

一、对猪肉封闭供应链各节点质量安全控制的建议

首先，养殖企业可通过提高疫病防治水平、饲料质量水平、福利水平，来控制生猪质量；养殖企业的规模化养殖，有利于疫病防治水平、饲料质量水平、福利水平的提高。其次，屠宰企业可通过提高屠宰前检疫检验水平、屠宰操作规程、出厂检验水平，来控制生猪质量；屠宰企业的屠宰能力，决定了屠宰前检疫检验水平、屠宰操作规程、出厂检验水平的高低，所以屠宰企业可以通过加强基础建设，提高屠宰能力，实现专业化、规模化屠宰。再次，零售企业可通过提高猪肉入市检验水平、质量追溯水平和诚信水平，来控制猪肉质量；不同的零售渠道，猪肉质量水平差别较大，建议零售企业向大型超市、猪肉专卖店方向发展。最后，建议消费者到大型超市、猪肉专卖店去购买猪肉。

另外，为了满足不同消费者的需求，可以通过标识不同的质量认证信号来区别不同的猪肉。建议养殖企业、屠宰企业和零售企业树立品牌意识，关注猪肉的安全与美味特点，彰显地理标志认证。在价格方面，绿色猪肉定价对消费者的购买意愿影响较大，应该根据地方消费水平，合理调整价格。同时，养殖企业、屠宰企业和零售企业应该积极、持续地宣传质量认证信号，增强消费者对质量认证信号的了解和信任程度，给予消费者一定的维权途径。

二、对政府监管的建议

政府监管应该集中有限资源，有步骤、有重点地控制猪肉质量安全。

第一个阶段，从养殖企业—屠宰企业—零售企业链条来说，政府除了监管养殖企业、屠宰企业以及零售企业影响猪肉质量安全的主要因素之外，还需要通过政策导向，提高养殖企业、屠宰企业的产业集中度，扶持大型养殖企业、屠宰企业成长，树立养殖企业、屠宰企业的知名品牌，建立质量可追溯体系。其目的就在于，为政府的有效控制提供可能。

第二个阶段，政府控制的重点应该转向零售企业。在城镇、农村建立大卖场、大型超市。通过抽查零售企业销售的猪肉，利用可追溯体系，控制整个链条猪肉质量情况。同时，政府应该大力宣传消费者维权途径，设立有奖举报，积极听取、广泛收集消费者的投诉。通过消费者的举报、投诉，从零售环节查起，由下到上，顺藤严惩，以此控制猪肉质量安全。

需要说明的是，本书借鉴了封闭供应链理论，将其应用到了猪肉行业中来，提出了猪肉封闭供应链概念。本书提出的猪肉封闭供应链理论框架，能够

将目前“支离破碎”的“基于节点企业、消费者、政府来提高猪肉质量安全”的相关研究有机贯穿到一起，能够将相关研究的“分力”系统聚焦，进而理顺思路，更好地解决各类猪肉质量安全问题。在此过程中，也产生了一些值得进一步讨论的问题。

其一，如何界定猪肉封闭供应链理论框架的边界？本书构建的猪肉封闭供应链主要考虑养殖企业、屠宰企业、零售企业、消费者以及政府监管 5 个节点。事实上，类似饲料企业、兽药企业、育种企业、运输企业等主体也影响着猪肉质量安全水平。所以，是仅涵盖主要节点，还是涵盖所有对猪肉质量安全具有影响的节点，需要进一步探讨。

其二，本书并未提及政府监管存在的问题及对策问题，而主要探讨了政府如何通过监管生猪养殖环节、生猪屠宰环节、猪肉零售环节中的控制因素，来保障猪肉质量安全。笔者认为首先应该解决控制什么因素、控制哪些节点的问题，然后才是政府如何去控制的问题。所以，今后将围绕政府监管体系如何完善的问题进行研究。

其三，猪肉封闭供应链应该使用哪些操作手段、方法？猪肉封闭供应链的思想是“从田间到饭桌”每一个环节都处在政府的监督管理和检测范围之内，任何一个环节出现问题，都应该具有可追溯性。本书在理论框架下，回答了政府对不同环节实施不同程度监管有何效果问题，而未探讨政府应该如何监管的问题。政府的操作手段、监管方法等问题，也是猪肉封闭供应链领域的重要问题，需要在今后研究中，进一步探讨。

参考文献

[1]边昊，朱海燕．食品安全的影响因素与保障措施探讨[J]．经营管理者，2011(9)：196.

[2]曹军，陈兴霞，姜君．浅析我国农产品物流的现状、问题及对策[J]．农业经济，2006(4)：63.

[3]陈超，罗英姿．创建中国肉类加工食品供应链模型的构想[J]．南京农业大学学报，2003(1)：89－92.

[4]陈超．猪肉行业供应链管理研究[D]．南京：南京农业大学，2003.

[5]陈恭和．绿色农产品封闭供应链中的TBT预警信息系统的研究[J]．农业网络信息，2007(5)：25－27.

[6]陈蕾蕾，祝清俊，王未名．我国农产品安全问题的现状与对策[J]．农产品加工(创新版)，2010(3)：58－59，64.

[7]陈善晓，王卫华．基于第三方物流的农产品流通模式研究[J]．浙江理工大学学报，2005(1)：72－76.

[8]陈淑祥．简论我国农产品现代物流发展[J]．农村经济，2005(2)：18－20.

[9]陈湘宁，史习加，黄漫青，徐阳．中国猪肉供应链模式的发展与研讨[J]．肉类研究，2003(2)：7－10.

[10]陈小霖．供应链环境下的农产品质量安全保障研究[D]．南京：南京理工大学，2007.

[11]陈原，陈康裕，李杨．环境因素对供应链中生产者食品安全行为的影响机制仿真分析[J]．中国安全生产科学技术，2011(9)：107－114.

[12]陈原，李杨．供应链食品安全管理自适应系统的结构设计[J]．中国安全生产科学技术，2011(1)：68－71.

[13]陈志祥，马士华．供应链中的企业合作关系[J]．南开管理评论，2001(2)：56－59.

[14]陈志颖．无公害农产品购买意愿及购买行为的影响因素分析——以北京地区为例[J]．农业技术经济，2006(1)：68－75.

[15]戴迎春，韩纪琴，应瑞瑶．新型猪肉供应链垂直协作关系初步研究[J]．南京农业大学学报，2006(3)：122－126.

[16]戴迎春，朱彬，应瑞瑶．消费者对食品安全的选择意愿——以南京市有机蔬菜消费行为为例[J]．南京农业大学学报(社会科学版)，2006(1)：47－52.

[17]邓楠，万宝瑞．21世纪中国农业科技发展战略[M]．北京：中国农业出版社，2001.

[18]董银果，徐恩波．生猪疫病对猪肉贸易的影响及对中国的启示——来自台湾的口蹄疫案例[J]．西南农业大学学报(社会科学版)，2006(4)：40－43.

[19]杜巍，叶岑，梁琛．关系营销适用性的博弈分析——一个拓展的豪泰林(Hotelling)模型[J]．当代经济科学，2003(5)：75－80.

[20]樊根耀，张襄英．农产品认证制度及其信号传递机制[J]，西北农林科技大学学报(社会科学版)，2005(5)：94－98.

[21]冯永辉．我国生猪规模化养殖及区域布局变化趋势[J]．中国畜牧杂志，2006(4)：22－26.

[22]葛娟，李丽．我国食品安全规制效率的实证分析[J]．安徽工业大学学报(社会科学版)，2014(6)：41－44.

[23]耿翔宇，李艳霞．我国区域农产品供应链信息系统构建[J]．重庆交通学院学报(社会科学版)，2006(2)：17－20.

[24]巩顺龙，白丽，陈晶晶．基于结构方程模型的中国消费者食品安全信心研究[J]．消费经济，2012(2)：53－57.

[25]郭全辉，晁学元，马福海．鲜猪肉磺胺类药物残留检验报告[J]．中国畜禽种业，2008(15)：75.

[26]国家发展和改革委员会经济运行局，南开大学现代物流研究中心．中国现代物流发展报告——全球化·整合·创新(2007年)[M]．北京：机械工业

出版社，2007.
[27]淮建军，刘新梅．政府管制对市场结构和绩效的影响机理研究[J]. 财贸研究，2007(1)：8－12.
[28]韩文成，孙世民，李娟．优质猪肉供应链核心企业质量安全控制能力的形成机理研究[J]. 农业系统科学与综合研究，2011(1)：1－6.
[29]韩文成，孙世民，李娟．优质猪肉供应链核心企业质量安全控制能力评价指标体系研究[J]. 物流工程与管理，2010(9)：92－94.
[30]何坪华，凌远云，刘华楠．消费者对食品质量信号的利用及其影响因素分析——来自9市、县消费者的调查[J]. 中国农村观察，2008(4)：41－52.
[31]何桢，周善忠．面向持续质量改进的过程管理方法研究[J]. 工业工程，2005(5)：38－41.
[32]洪伟民，刘晋．敏捷供应链绩效评价体系的构建[J]. 现代管理科学，2006(6)：79－82.
[33]侯琳琳，邱菀华．基于信号传递博弈的供应链需求信息共享机制[J]. 控制与决策，2007(12)：1421－1428，1428.
[34]侯守礼，王威，顾海英．消费者对转基因食品的意愿支付：来自上海的经验证据[J]. 农业技术经济，2004(4)：2－9.
[35]侯先荣，吴奕湖．21世纪的新质量观[J]. 工业工程与管理，2011(1)：13－15.
[36]胡凯，甘筱青．我国生猪价格波动的系统动力学仿真与对策分析[J]. 系统工程理论与实践，2010(12)：2221－2227.
[37]胡卫中，耿照源．消费者支付意愿与猪肉品质差异化策略[J]. 中国畜牧杂志，2010(8)：31－33.
[38]胡泽平．食品安全问题的政府监管分析[J]. 中国管理信息化，2010(13)：49－52.
[39]黄岳新．实施生猪屠宰企业分级管理之我见[J]. 食品安全导刊，2010(10)：60－62.
[40]黄祖辉，刘东英．我国农产品物流体系建设与制度分析[J]. 农业经济问题，2005(4)：49－53，80.
[41]蹇慧，凡强胜，刘力．生态养猪模式如何防控猪肉的重金属污染[J]. 猪业科学，2006，(10)：79－81.

[42]姜大立，杨西龙．易腐物品配送中心连续选址模型及其遗传算法[J]. 系统工程理论与实践，2003(2)：62－67.

[43]焦豪，崔瑜．企业动态能力理论整合研究框架与重新定位[J]. 清华大学学报(哲学社会科学版)，2008(S2)：46－53.

[44]焦金芝．消费者对食品质量信号的认知及其影响因素分析[D]. 武汉：华中农业大学，2008.

[45]焦文旗．农产品物流市场亟待培育和完善[J]. 农村经济，2004(4)：56－57.

[46]焦志伦．基于食品安全的封闭供应链设计初探[J]. 物流技术，2009(4)：80－84.

[47]焦志伦．我国城市食品封闭供应链运行模式及其政策研究[D]. 天津：南开大学，2009.

[48]卡罗尔·哈洛，理查德·罗林斯．法律与行政[M]. 杨伟东，等，译．北京：商务印书馆，2004.

[49]阚学贵．迎接我国加入WTO：卫生监督执法部门应做的工作[J]. 中国预防医学杂志，2001(1)：48－53.

[50]孔洪亮，李建辉．全球统一标识系统在食品安全跟踪与追溯体系中的应用[J]. 食品科学，2004(6)：188－194.

[51]匡爱民．我国区域创新绩效的DEA改进[J]. 统计与决策，2010(16)：60－62.

[52]兰丕武，吉小琴．现代农产品物流配送模式探析[J]. 中国合作经济，2005(6)：46－47.

[53]李春好，刘玉国，李辉．一种含有定性因素权重置信域的CKS－DEA改进模型[J]. 中国管理科学，2003(专辑)：33－37.

[54]李春好．基于定性指标价值位置概率估计的效率模型[J]. 吉林大学学报(信息科学版)，2005(3)：252－256.

[55]李德发，邢建军，陈洪亮．中国猪营养学研究进展[A]. 2000'动物营养研究进展——全国畜禽饲养标准学术讨论会暨营养研究会成立大会论文集[C]. 中国畜牧兽医学会，2000.

[56]李红兵，孙世民．质量型健康养殖：优质猪肉生产的关键[J]. 中国畜牧杂志，2007(24)：34－37.

[57]李红民，肖华党，甘泉．屠宰过程中影响猪胴体品质的因素[J]. 肉类工

业，2011(9)：12—13.
[58]李怀．制度生命周期与制度效率递减——一个从制度经济学文献中读出来的故事[J]．管理世界，1999(3)：68—77.
[59]李娟，孙世民，韩文成．猪肉供应链管理的研究进展与展望[J]，物流科技，2010(7)：58—62.
[60]李丽君，黄小原，庄新田．双边道德风险条件下供应链的质量控制策略[J]．管理科学学报，2005(1)：42—47.
[61]李生，李迎宾．国外农产品质量安全管理制度概况[J]．世界农业，2006(21)：68—70.
[62]李学工，易小平．构建跨区域农产品营销虚拟物流协作体系——以南北方果蔬农产品为例[J]．物流工程与管理，2008(10)：73—76.
[63]李艳芬．生猪供应链中的生猪质量安全分析[J]．广东农业科学，2011(2)：174—175.
[64]李兆琼，梁樑，夏琼，杨锋．考虑两种包络面的熵 DEA 效率评价模型[J]．系统工程，2010(4)：68—72.
[65]李哲敏，孙君茂，曹新明．我国农产品安全的现状、争论与建议[J]．中国农业科技导报，2007(3)：68—70.
[66]林朝朋．生鲜猪肉供应链安全风险及控制研究[D]．长沙：中南大学，2009.
[67]刘东英．农产品现代物流研究框架的试构建[J]．中国农村经济，2005(7)：64—70.
[68]刘冬豪，谭教珠．猪肉安全问题及其解决办法的探索[J]．现代食品科技，2008(7)：709—711，730.
[69]刘强，苏秦．供应链质量控制与协调研究评析[J]．软科学，2010(12)：123—127.
[70]刘为军，魏益民，潘家荣，赵清华，周乃元．现阶段中国食品安全控制绩效的关键影响因素分析——基于9省(市)食品安全示范区的实证研究[J]．商业研究，2008(7)：127—131，186.
[71]刘伟华，刘彦平，刘秉镰．绿色农产品供应链封闭化改造方法及其实践研究[J]．软科学，2010(4)：48—52.
[72]刘小峰，陈国华，盛昭瀚．不同供需关系下的食品安全与政府监管策略分析[J]．中国管理科学，2010(2)：143—150.

[73]刘延涛．我国猪肉质量安全保障问题研究[D]．成都：成都理工大学，2010.

[74]刘艳秋，周星．基于食品安全的消费者信任形成机制研究[J]．现代管理科学，2009(7)：55－57.

[75]刘玉满，尹晓青，杜吟棠，王磊．猪肉供应链各环节的食品质量安全问题——基于山东省某市农村的调查报告[J]．中国畜牧杂志，2007(2)：47－49.

[76]柳珊，舒和斌，吴光旭．优质猪肉供应链协同模型设计[J]．食品工业科技，2009(8)：343－345.

[77]卢凤君，刘晓峰，彭涛，卢凤林．"五类"生猪养殖模式的比较分析[J]．中国畜牧杂志，2007(24)：11－15.

[78]卢凤君，孙世民，叶剑．高档猪肉供应链中加工企业与养猪场的行为研究[J]．中国农业大学学报，2003(2)：90－94.

[79]卢凤君，叶剑，孙世民．大城市高档猪肉供应链问题及发展途径[J]．农业技术经济，2003(2)：43－45.

[80]卢良恕，孙君茂．新时期我国农业结构战略性调整与食物安全[J]．中国食物与营养，2002(4)：4－7.

[81]吕志轩．关于食品安全问题的研究综述——一个经济学的视角[J]．德州学院学报，2009(1)：73－81.

[82]麻书城．供应链全面质量管理研究[D]．北京：北京航空航天大学，2002.

[83]马述忠，黄祖辉．我国转基因农产品国际贸易标签管理：现状、规则及其对策建议[J]．农业技术经济，2002(1)：57－63.

[84]马晓艳，王春民，蒋建荣，潘喻佳．2010年江苏省苏州市注水猪肉监测及分析[J]．中国卫生检验杂志，2011(10)：2536－2537.

[85]马雪芬，孙树栋．多目标的供应链集成优化及数值仿真[J]．机械工程学报，2005(6)：174－180.

[86]孟凡生．市场鲜猪肉及猪体组织瘦肉精残留量的检测[J]．黑龙江畜牧兽医，2010(11)：108－109.

[87]孟丽莎，董铧．基于豪泰林模型的品牌竞争力经济学分析[J]．中国管理信息化，2009(12)：104－106.

[88]宁望鲁．加入WTO对中国内地消费者权益保护的影响[J]．工商行政管理，2001(21)：16－17.

[89]欧阳海燕．近七成受访者对食品没有安全感——2010～2011 消费者食品安全信心报告[J]．小康，2011(1)：42－45.

[90]潘春玲．辽宁生猪生产：30 年波动分析与发展建议[J]．沈阳农业大学学报(社会科学版)，2008(6)：649－653.

[91]彭玉珊，孙世民，陈会英．养猪场(户)健康养殖实施意愿的影响因素分析——基于山东省等 9 省(区、市)的调查[J]．中国农村观察，2011(2)：16－25.

[92]彭玉珊，孙世民，周霞．基于进化博弈的优质猪肉供应链质量安全行为协调机制研究[J]．运筹与管理，2011(6)：114－119.

[93]彭志高，滕春贤．基于系统动力学的供应链网络仿真模型的研究[J]．哈尔滨理工大学学报，2007(2)：153－156.

[94]蒲国利，苏秦，刘强．一个新的学科方向——供应链质量管理研究综述[J]．科学学与科学技术管理，2011(10)：70－79.

[95]蒲国利，苏秦．供应链管理和质量管理集成研究评述[J]．工业工程，2010(6)：114－124.

[96]强瑞，贾磊．基于系统动力学的供应链质量机理[J]．技术经济，2011(10)：109－125.

[97]乔娟．基于食品质量安全的批发商认知和行为分析——以北京市大型农产品批发市场为例[J]．中国流通经济，2011(1)：76－80.

[98]邱忠权，严余松，何迪，户佐安．现代农产品物流中心信息化建设研究[J]．安徽农业科学，2008(30)：13454－13455.

[99]曲芙蓉，孙世民，宁芳蓓．论优质猪肉供应链中超市的质量安全行为[J]．农业现代化研究，2010(5)：553－556.

[100]曲芙蓉，孙世民，彭玉珊．供应链环境下超市良好质量行为实施意愿的影响因素分析——基于山东省 456 家超市的调查数据[J]．农业技术经济，2011(11)：64－70.

[101]任博华．中国农产品流通体系的现状及优化建议[J]．市场营销，2008(10)：58－62.

[102]沙鸣，孙世民．供应链环境下猪肉质量链链节点的重要程度分析——山东等 16 省(市)1156 份问卷调查数据[J]．中国农村经济，2011(9)：49－59.

[103]尚杰，于法稳，谢长青．我国绿色食品营销环境分析与对策探讨[J]．中国农村经济，2002(10)：44－47.

[104]沈银书，吴敬学．我国生猪规模养殖的发展趋势与动因分析[J]．中国畜牧杂志，2011(22)：49－52．

[105]施亚能．基于多 Agent 食品安全政府监管模型与仿真[D]．武汉：武汉理工大学，2011．

[106]宋敏，杨慧．中国规制治理的制度性缺陷及其改革模式[J]．中国矿业大学学报(社会科学版)，2012(4)：59－64．

[107]食品安全导刊编辑部，闫燕，黄岳新，等．规模化、机械化：生猪屠宰产业大势所趋[J]．食品安全导刊，2010(4)：16－21．

[108]史文利．供应链绩效的多维评价研究[D]．天津：天津大学，2008．

[109]斯蒂格利茨．斯蒂格利茨经济学文集[M]．纪沫，陈工文，李飞跃，译．北京：中国金融出版社，2007．

[110]孙雷，毕言锋，李丹，等．猪肉中磺胺类药物残留检测能力验证分析[J]．中国兽药杂志，2012(2)：23－26．

[111]孙世民，陈会英，李娟．优质猪肉供应链合作伙伴竞合关系分析——基于 15 省(市)的 761 份问卷调查数据和深度访谈资料[J]．中国农村观察，2009(6)：2－14．

[112]孙世民，李世峰．我国畜产品质量安全的问题、解决途径与对策[J]．食品与发酵工业，2004(9)：77－82．

[113]孙世民，卢凤君，叶剑．国外猪肉质量保障体系及其对我国的启示[J]．农业技术经济，2003(4)：45－48．

[114]孙世民，卢凤君，叶剑．优质猪肉供应链企业战略合作关系的形成条件研究[J]．农业系统科学与综合研究，2004(4)：285－287．

[115]孙世民，满广富．优质猪肉供应链的特征与定位初探[J]．农业现代化研究，2006(6)：460－462，474．

[116]孙世民，彭玉珊．论优质猪肉供应链中养殖与屠宰加工环节的质量安全行为协调[J]．农业经济问题，2012(3)：77－83，112．

[117]孙世民，沙鸣，韩文成．供应链环境下的猪肉质量链探讨[J]．中国畜牧杂志，2009(2)：61－64．

[118]孙世民，唐建俊，王继永．论优质猪肉供应链合作伙伴间的竞合关系[J]．物流科技，2008(2)：106－109．

[119]孙世民，唐建俊，张健如．优质猪肉供应链合作风险的形成机制与防范策略[J]．山东社会科学，2008(11)：90－93．

[120]孙世民，唐建俊．基于耗散结构的优质猪肉供应链合作伙伴竞合演进机制与策略[J]．农业系统科学与综合研究，2009(1)：39－44.

[121]孙世民，张吉国，王继永．基于Shapley值法和理想点原理的优质猪肉供应链合作伙伴利益分配研究[J]．运筹与管理，2008(6)：87－91.

[122]孙世民，张媛媛，张健如．基于Logit－ISM模型的养猪场(户)良好质量安全行为实施意愿影响因素的实证分析[J]．中国农村经济，2012(10)：24－36.

[123]孙世民．大城市高档猪肉有效供给的产业组织模式和机理研究[D]．北京：中国农业大学，2003.

[124]孙世民．基于质量安全的优质猪肉供应链建设与管理探讨[J]．农业经济问题，2006(4)：70－74，80.

[125]谭孝权．Hotelling模型的网内外差别定价分析[J]．工业工程，2010(1)：31－35.

[126]田寒友，李家鹏，任琳，乔晓玲．我国猪肉安全现状分析及对策[J]．肉类研究，2009(11)：31－34.

[127]田晓超．我国生猪市场整合研究[D]．北京：中国农业科学院，2011.

[128]汪普庆．我国蔬菜质量安全治理机制及其仿真研究[D]．武汉：华中农业大学，2009.

[129]王翠霞，贾仁安，邓群钊．中部农村规模养殖生态系统管理策略的系统动力学仿真分析[J]．系统工程理论与实践，2007(12)：158－169.

[130]王翠霞．规模养殖循环经济增长上限系统反馈分析[J]．系统工程，2007(5)：66－71.

[131]王多宏，严余松，张蓉．绿色农产品封闭供应链研究的现状分析及其体系构建[J]．生产力研究，2008(19)：34－36.

[132]王怀明，尼楚君，徐锐钊．消费者对食品质量安全标识支付意愿实证研究——以南京市猪肉消费为例[J]．南京农业大学学报(社会科学版)，2011(1)：21－29.

[133]王慧敏，乔娟．“瘦肉精”事件对生猪产业相关利益主体的影响及对策探讨[J]．中国畜牧杂志，2011(8)：7－9，12.

[134]王继永，孙世民，刘峰，刘召云．优质猪肉供应链中超市与屠宰加工企业竞合的博弈分析[J]．技术经济，2008(11)：110－114.

[135]王继永，孙世民，刘召云．优质猪肉供应链中超市对猪肉质量安全的促

进作用[J]. 商业研究，2008(4)：207－209.

[136]王军，徐晓红，郭庆海．消费者对猪肉质量安全认知、支付意愿及其购买行为的实证分析——以吉林省为例[J]. 吉林农业大学学报，2010(5)：586－590.

[137]王可山，郭英立，李秉龙．北京市消费者质量安全畜产食品消费行为的实证研究[J]. 农业技术经济，2007(3)：50－55.

[138]王林云．优质猪肉生产和地方猪种利用[J]. 畜牧与兽医，2001(5)：18.

[139]王其藩．高级系统动力学[M]. 北京：清华大学出版社，1995.

[140]王全兴，宋波．试论经济全球化的矛盾性法律需求[J]. 北京市政法管理干部学院学报，2002(3)：7－16.

[141]王仁强，孙世民，曲芙蓉．超市猪肉从业人员的质量安全认知与行为分析——基于山东等18省(市)的526份问卷调查资料[J]. 物流工程与管理，2011(8)：64－66.

[142]王新利，张襄英．构建我国农村物流体系的必要性与可行性[J]. 农业现代化研究，2002(4)：263－266.

[143]王秀清，孙云峰．我国食品市场上的质量信号问题[J]. 中国农村经济，2002(5)：27－32.

[144]王玉环，徐恩波．论政府在农产品质量安全供给中的职能[J]. 农业经济问题，2005(3)：53－57，80.

[145]王志刚．市场、食品安全与中国农业发展[M]. 北京：中国农业科学技术出版社，2006.

[146]王中亮．食品安全与现代企业的社会责任[J]. 上海经济研究，2009(1)：36－40.

[147]王宗元，史德浩，卞建春，任建新，王捍东，刘学忠．亚硒酸钠防治镉中毒的分子机理[J]. 中国药理学与毒理学杂志，1997(2)：114－115.

[148]魏恒，辛安娜．供应链知识流博弈模型研究[J]. 经济问题，2010(9)：47－50.

[149]吴萍，祝溢锴，周岩民．南京和潍坊猪肉中重金属及部分微量元素含量调查[J]. 养猪，2011(5)：60－61.

[150]吴秀敏．我国猪肉质量安全管理体系研究[M]. 北京：中国农业出版社，2006.

[151]肖静．基于供应链的食品安全保障研究[D]. 长春：吉林大学，2009.

[152]肖骞，邓凯杰，刘奋，莫浩联．2007年深圳市生禽畜类食品重金属污染状况监测[J]．实用预防医学，2008(6)：1760—1763.

[153]谢敏，于永达．对中国食品安全问题的分析[J]．上海经济研究，2002(1)：39—45.

[154]谢作诗．正交易费用下的"囚犯难题"[J]．经济经纬，2007(5)：1—3.

[155]许红莲．发达国家农产品绿色物流发展及其经验借鉴[J]．中央财经大学学报，2011(12)：70—74.

[156]修文彦．我国猪肉质量安全问题研究——基于供应链的系统分析[D]．北京：中国农业科学院，2010.

[157]徐国建，罗珺，甄少波，汤介兰．猪肉安全溯源系统在屠宰厂中的设计及实现[J]．猪业科学，2010(8)：100—102.

[158]徐卫涛，宋民冬．浅析我国农产品物流[J]．内蒙古农业科技，2006(1)：5—7.

[159]徐晓新．中国食品安全：问题、成因、对策[J]．农业经济问题，2002(10)：45—48.

[160]徐玉霞．我国绿色农产品产业发展SWOT分析及发展战略[J]．生态经济(学术版)，2008(1)：208—211，237.

[161]许树辉．基于供应链嵌入视角的企业空间组织研究[D]．上海：华东师范大学，2009.

[162]杨倍贝，吴秀敏．消费者对可追溯性农产品的购买意愿研究[J]．农村经济，2009(8)：58—59.

[163]杨福馨．农产品保鲜包装技术[M]．北京：化学工业出版社，2004.

[164]杨金深，张贯生，智健飞，张春锋．我国无公害蔬菜的市场价格与消费意愿分析——基于石家庄的市场调查实证[J]．中国农村经济，2004(9)：43—48.

[165]杨金深．无公害蔬菜生产投入的成本结构分析[J]．农业经济问题，2005(11)：16—21.

[166]尤建新，杜学美，张建同．质量管理学(第二版)[M]．北京：科学出版社，2008.

[167]尤建新，朱立龙．道德风险条件下的供应链质量控制策略研究[J]．同济大学学报(自然科学版)，2010(7)：1092—1098.

[168]于辉，安玉发．在食品供应链中实施可追溯体系的理论探讨[J]．农业质

量标准，2005(3)：39—41.

[169]于晓慧．基于双重收购渠道的生猪供应链协调机制研究[J]．物流科技，2009(2)：80—82.

[170]于洋．基于系统动力学的供应链管理研究[D]．成都：西南交通大学，2008.

[171]余国华，陈章跃．江西省猪肉供应链优化策略研究[J]．经营管理者，2009(24)：100.

[172]袁万良，刘丽．降低规模猪场生猪死亡率的调查分析报告[J]．上海畜牧兽医通讯，2003(4)：26—27.

[173]袁晓菁，肖海峰．我国猪肉质量安全可追溯系统的发展现状、问题及完善对策[J]．农业现代化研究，2010(5)：557—560.

[174]臧晓宁．基于熵－DEA模型的物流企业绩效评价[D]．合肥：中国科学技术大学，2009.

[175]詹姆斯·M．布坎南．制度契约与自由——政治经济学家的视角[M]．王金良，译．北京：中国社会科学出版社，2013.

[176]张翠华，鲁丽丽．基于质量风险的易逝品供应链协同质量控制[J]．东北大学学报(自然科学版)，2011(1)：145—148.

[177]张可，柴毅，翁道磊，翟茹玲．猪肉生产加工信息追溯系统的分析和设计[J]．农业工程学报，2010(4)：332—339.

[178]张克勇，周国华．需求不确定性对封闭供应链系统决策的影响分析[J]．数学的实践与认识，2010(13)：1—7.

[179]张力菠，韩玉启，陈杰，余哲，马义中．供应链管理的系统动力学研究综述[J]．系统工程，2005(6)：8—15.

[180]张敏．现代物流与可持续发展[D]．泰安：山东农业大学，2004.

[181]张涛，文新三．企业绩效评价研究[M]．北京：经济科学出版社，2002.

[182]张涛．论经济法律关系的二元结构与二重性——一种整体主义解释[J]．经济经纬，2005(3)：154—156.

[183]张唯一．基于供应链质量管理的食品安全控制研究[D]．大连：东北财经大学，2010.

[184]张维迎．博弈论与信息经济学[M]．上海：上海人民出版社，2004.

[185]张文松，王树祥．我国农产品现代物流模式分析及选择[J]．物流技术，2006(3)：37—39，65.

[186]张晓勇，李刚，张莉．中国消费者对食品安全的关切——对天津消费者的调查与分析[J]．中国农村观察，2004(1)：14－21，80.
[187]张鑫．供应链质量管理[D]．北京：北京交通大学，2007.
[188]张雅燕，李翔宏，胡明文．基于核心企业的畜产品供应链管理研究[J]．安徽农业科学，2013(2)：625－626，629.
[189]张焱．基于可靠性的生鲜农产品物流网络优化[D]．成都：西南交通大学，2009.
[190]张园园，孙世民，季柯辛．基于DEA模型的不同饲养规模生猪生产效率分析：山东省与全国的比较[J]．中国管理科学，2012(S2)：720－725.
[191]张园园，孙世民，季柯辛．论供应链环境下养猪场户的质量安全行为[J]．科技和产业，2011(10)：99－104.
[192]张园园，孙世民，宁芳蓓．论猪肉消费者超市购买行为[J]．山东农业大学学报(社会科学版)，2011(4)：52－56，124.
[193]张云华．食品安全保障机制研究[M]．北京：中国水利水电出版社，2007.
[194]赵翠萍，李永涛，陈紫帅．食品安全治理中的相关者责任：政府、企业和消费者维度的分析[J]．经济问题，2012(6)：63－66.
[195]赵翠萍．食品安全治理进程中的共同责任监管、自律与觉醒[J]．农村经济，2012(8)：16－19.
[196]赵霖，鲍善芬．21世纪中国食品安全问题[J]．中国食物与营养，2001(2)：5－7.
[197]支建华．《食品安全法》能否保障猪肉安全[J]．中国猪业，2009(4)：11－15.
[198]中国社会科学院农村发展研究所课题组，刘玉满，尹晓青，等．对猪肉质量安全的政府监管体制有效吗？——来自东北某县的案例调查[J]．中国畜牧杂志，2007(10)：9－14.
[199]中华人民共和国食品安全法编写小组．中华人民共和国食品安全法释义及使用指南[M]．北京：中国市场出版社，2009.
[200]钟甫宁，丁玉莲．消费者对转基因食品的认知情况及潜在态度初探——南京市消费者的个案调查[J]．中国农村观察，2004(1)：22－27，80.
[201]周德翼，杨海娟．食物质量安全管理中的信息不对称与政府监管机制[J]．中国农村经济，2002(6)：29－35，52.

[202]周洁红，陈晓莉，刘清宇．猪肉屠宰加工企业实施质量安全追溯的行为、绩效及政策选择——基于浙江的实证分析[J]．农业技术经济，2012(8)：29－37.

[203]周洁红，黄祖辉．食品安全特性与政府支持体系[J]．中国食物与营养，2003(9)：13－15.

[204]周洁红．消费者对蔬菜安全认知和购买行为的地区差别分析[J]．浙江大学学报(人文社会科学版)，2005(6)：113－121.

[205]周荣征，严余松，张焱，何迪．绿色农产品封闭供应链构建研究[J]．科技进步与对策，2009(22)：28－31.

[206]周曙东，戴迎春．供应链框架下生猪养殖户垂直协作形式选择分析[J]．中国农村经济，2005(6)：30－36.

[207]周应恒，霍丽玥，彭晓佳．食品安全：消费者态度、购买意愿及信息的影响——对南京市超市消费者的调查分析[J]．中国农村经济，2004(11)：53－59，80.

[208]周应恒，吴丽芬．城市消费者对低碳农产品的支付意愿研究——以低碳猪肉为例[J]．农业技术经济，2012(8)：4－12.

[209]周应恒，卓佳．消费者食品安全风险认知研究——基于三聚氰胺事件下南京消费者的调查[J]．农业技术经济，2010(2)：89－96.

[210]朱立龙，尤建新．非对称信息供应链质量信号传递博弈分析[J]．中国管理科学，2011(1)：109－118.

[211]朱立龙，尤建新．供应链节点企业间产品质量控制策略研究[J]．中国管理科学，2009(专辑)：336－342.

[212]朱涛．商业布局与市场定位：基于豪泰林模型的拓展分析[J]．数量经济技术经济研究，2004(10)：126－130.

[213]朱英明．中国城市群一体化过程中行政主体间的信号传递博弈[J]．系统工程理论与实践，2009(3)：84－89.

[214]朱莹莹．我国猪肉供应链模式研究[D]．无锡：江南大学，2008.

[215]祝胜林，黄显会，张守全，吴同山．猪肉安全的全程追溯问题与对策[J]．广东农业科学，2009(5)：3－5.

[216]祝映莲，郭红莲，谢宏良．现代农产品流通模式优化研究[J]．商业时代，2010(1)：17－19.

[217]邹传彪，王秀清．小规模分散经营情况下的农产品质量信号问题[J]．科

技和产业，2004(8)：6－11.

[218]邹忠爱．无公害猪肉安全生产技术体系的创建[D]．福州：福建农林大学，2008.

[219]JOHN M. ANTLE，CHOICE AND EFFICIENCY IN FOOD SAFETY POLICY，Washington DC：The American Enterprise Institute Press，1995.

[220]Kenneth Arrow，Bert Bolin ，Robert Costanza，Partha Dasgupta，Carl Folke，et al.，"Economic Growth，Carrying Capacity，and the Environment"，Science，Vol. 268，1995，pp. 520－521.

[221]Lauriol，B.，Deschamps，E.，Carrier，L.，Grimm，W.，Morlan，R.，Talon，B. Cave infill and associated biotic remains as indicators of Holocene environment in Gatineau Park (Quebec，Canada). Canadian Journal of Earth Sciences，Vol. 40，2003，pp. 789－803.

[222]ICEK AJZEN，"The Theory of Planned Behavior"，ORGANIZATIONAL BEHAVIOR AND HUMAN DECISION PROCESSES，Vol. 50，1991，pp. 179－211.

[223]Sanjay Kumar，"Indian Consumer Attitudes Toward Food Safety：An Exploratory Study"，Journal of Food Products Marketing，Vol. 20，2014，pp. 229－243.

[224]Buzby J. C.，Ready R. C.，Skees J. R.，"Contingent Valuation In Food Polic Analysis：A Case Study Of A Pesticide-reside Risk Reduction"，Journal of Agricultural and Applied Economics，Vol. 78，1995，pp. 613－625.

[225]Chatfield D. C.，Harrison T. P.，Hayya J. C.，"SCML：An information framework to support supply chain modeling"，European Journal of Operational Research，Vol. 196，No. 2，2009，pp. 651－660.

[226]Donna M. Dosman，Wiktor L. Adamowicz，Steve E. Hrudey，"Socioeconomic Determinants of Health-and Food Safety-Related Risk Perceptions"，Risk Analysis，Vol. 21，No. 2，2001，pp. 307－318.

[227]Michael R. Darby，Edi Karni，"Free Competition and the Optimal Amount of Fraud"，Journal of Law and Economics，Vol. 16，No. 1，1973，pp. 67－88.

[228]Xiangzheng DENG，Quansheng GE，Zhigang XU，Shaoqiang WANG，

Hongbo SU, Qunou JIANG, Jifu DU, Yingzhi LIN, "Immediate impacts of the Wenchuan Earthquake on the prices and productions of grain and pork products", Frontiers of Earth Science in China, Vol. 3, No. 1, 2009, pp. 1—8.

[229] DOUGLAS McGREGOR, THE HUMAN SIDE OF ENTERPRISE, New York: McGraw-Hill Education, 2006.

[230] Lotte Holm, Helle Kildevang, "Consumers' Views on Food Quality. A Qualitative Interview Study", Appetite, Vol. 27, No. 1, 1996, pp. 1—14.

[231] Philip R. Lane, "Inflation in open economies", Journal of International Economics, Vol. 42, No. 3—4, 1997, pp. 327—347.

[232] Sean B. Eom, "Ranking Institutional Contributions to Decision Support Systems Research: A Citation Analysis", DATA BASE, Vol. 25, 1994.

[233] Rodrigo B. Franca, Erick C. Jones, Casey N. Richards, Jonathan P. Carlson, "Multi-objective stochastic supply chain modeling to evaluate tradeoffs between profit and quality", International Journal of Production Economics, Vol. 127, No. 2, 2010, pp. 292—299.

[234] Fox J. L., "USDA's food-safety push boosts assay makers", Biotechnology, Vol. 13, No. 2, 1995, pp. 114—118.

[235] Gerard P. Cachon, Martin A. Lariviere, "Supply Chain Coordination with Revenue-Sharing Contracts: Strengths and Limitations", MANAGEMENT SCIENCE, Vol. 51, No. 1, 2005, pp. 30—44.

[236] Robert E. Krider, Arieh Goldman, S. Ramaswami, "Barriers to the advancement of modern food retail formats: theory and measurement", Journal of Retailing, Vol. 78, No. 4, 2002, pp. 281—295.

[237] Harold Hotelling, "Stability in competition", The Economic Journal, Vol. 39, No. 153, 1929, pp. 41—57.

[238] Alessandra Ferrarezi, Valéria Paula Minim, Karina Maria dos Santos, Magali Monteiro, "Consumer attitude towards purchasing intent for ready to drink orange juice and nectar", Nutrition & Food Science, Vol. 43, No. 4, 2013, pp. 304—312.

[239] David Andersen, John Morecroft, Roberta Spencer, Jay Forrester, Mi-

chel Karsky, Bernard Paulré, Jack Pugh, Michael Radzicki, Jørgen Randers, George Richardson, Khalid Saeed, Eric Wolstenholme, "How the System Dynamics Society came to be: a collective memoir", System Dynamics Review, Vol. 23, No. 2—3, 2007, 219—227.

[240]Chinho Lin, Wing S. Chow, Christian N. Madu, Chu-Hua Kuci, Pci Pci Yu, "A structural equation model of supplychain quality management and organizational performance", International Journal of Production Economics, Vol. 96, No. 3, 2005, pp. 355—365.

[241]Marver H. Bernstein, Regulating Business by Independent Commission, Princeton: Princeton University Press, 1955.

[242]Jill McCluskey and Maria L. Loureiro, "Consumer Preferences and Willingness to Pay for Food Labeling: A Discussion of Empirical Studies", Journal of Food Distribution Research, Vol. 34, No. 3, 2003, pp. 95—102.

[243]Calum G. Turvey, Eliza M. Mojduszka, "The Precautionary Principle and the law of unintended consequences", Food Policy, Vol. 30, No. 2, 2005, pp. 145—161.

[244]ADAM M. BRANDENBURGER AND BARRY J. NALEBUFF, Co-opetition, New York: Crown Business, 1996.

[245]James R. Northen, "Using farm assurance schemes to signal food safety to multiple food retailers in the U. K", The International Food and Agribusiness Management Review, Vol. 4, No. 1, 2001, pp. 37—50.

[246] FELIX WU, PRAVIN VARAIYA, PABLO SPILLER, SHMUEL OREN, "Folk Theorems on Transmission Access: Proofs and Counterexamples", Journal of Regulatory Economics, Vol. 10, 1996, pp. 5—23.

[247]Jeh-Nan Pan, "A comparative study on motivation for and experience with ISO 9000 and ISO 14000 certification among Far Eastern countries", Industrial Management & Data Systems, Vol. 103, No. 8, 2003, pp. 564—578.

[248]PETER M. SENGE, THE FIFTH DISCIPLINE: The Art and Practice of The Learning Organisation, London: Random House Business, 2006.

[249]Carol J. Robinson, Manoj K. Malhotra, "Defining the concept of supply

chain quality management and its relevance to academic and industrial practice", International Journal of Production Economics, Vol. 96, No. 3, 2005, pp. 315—337.

[250]Xiaotie Deng, Li-Sha Huang, "On the complexity of market equilibria with maximum social welfare", Information Processing Letters, Vol. 97, No. 1, 2005, pp. 4—11.

[251]Stephen Breyer, "The Cherokee Indians and the Supreme Court", Journal of Supreme Court History, Vol. 25, No. 3, 2000, pp. 215—227.

[252]Joseph E. Stiglitz, "Incentives, information, and organizational design", Empirica, Vol. 16, No. 1, 1989, pp. 3—29.

[253]Kenneth R. Thompson, "Confronting the paradoxes in a total quality environment", Organizational Dynamics, Vol. 26, No. 3, 1998, pp. 62—74.

[254]Jennifer Lynn Wilkins, "Seasonality, Food Origin, and Food Preference: A Comparison between Food Cooperative Members and Nonmembers", Journal of Nutrition Education, Vol. 28, No. 6, 1996, pp. 329—337.

[255]Sun Guohua, Xiang Li, "Research on the Fresh Agricultural Product Supply Chain Coordination with Supply Disruptions", Discrete Dynamics in Nature and Society, Vol. 2013, Article ID 416790, 9 pages, 2013. doi: 10. 1155/2013/416790.

[256]Vildana Alibabić, Ibrahim Mujić, Dušan Rudić, Melisa Bajramović, Stela Jokić, Edina Šertović, Alma Rutnić, "Labeling of Food Products on the B&H Market and Consumer Behavior Towards Nutrition and Health Information of the Product", Procedia-Social and Behavioral Sciences, Vol. 46, 2012, pp. 973—979.

[257]Yu H. F. , Yu W. C, "The optimal production and quality policy for the vendor in a trade", International Journal of Production Research, Vol. 46, No. 15, 2008, pp. 4135—4153.

[258]G. B. Zhang, Y. Ran, X. L. Ren, "Study on product quality tracing technology in supply chain", Computers & Industrial Engineering, Vol. 60, No. 4, 2011, pp. 863—871.

附录

A 养殖企业调研问卷

说明：请您在您选项下面打“√”。

一、被访者基本情况

1. 性别：A. 男　　B. 女

2. 年龄：A. 25 岁及以下　　B. 26～35 岁　　C. 36～45 岁　　D. 46 岁及以上

3. 从事本行业年限：A. 1～4 年　　B. 5～8 年　　C. 9 年及以上

4. 职位：A. 一般工人　　B. 管理人员

二、养殖企业基本情况

1. 生猪年出栏量：

A. 小于 50 头　　B. 50～499 头　　C. 500～999 头

D. 1000～4999 头　　E. 5000～9999 头　　F. 1 万头及以上

2. 平均每头母猪年提供出栏猪数量：________头。

三、影响生猪(猪肉)质量的因素

您认为，影响生猪(猪肉)质量的因素都有哪些？(多选)

A. 疫病防治水平　　B. 饲料质量水平　　C. 福利水平

D. 种(仔)猪质量水平　　E. 环境污染　　F. 管理水平

G. 政府对病死猪无害化处理的补贴

H. 其他，请注明：________

B 屠宰企业调研问卷

说明：请您在您选项下面打“√”。

一、被访者基本情况

1. 性别：A. 男　　B. 女

2. 年龄：A. 25 岁及以下　　B. 26～35 岁
C. 36～45 岁　　D. 46 岁及以上

3. 从事本行业年限：A. 1～4 年　　B. 5～8 年　　C. 9 年及以上

4. 职位：A. 一般工人　　B. 管理人员

二、屠宰企业基本情况

1. 生猪年屠宰量：

A. 小于 1 万头(不含 1 万头)　　B. 1 万～2 万头(不含 2 万头)
C. 2 万～10 万头(不含 10 万头)　　D. 10 万～20 万头(不含 20 万头)
E. 20 万～50 万头(不含 50 万头)　　F. 50 万头及以上

2. 如果用 0 代表水平特别低、1 代表水平特别高，请分别给各指标打分。

指标	您认为的分值
屠宰前检疫检验水平	
屠宰操作规程	
出厂检验水平	
卫生控制	
设施和设备	
运输条件	
屠宰方式	

三、影响生猪(猪肉)质量的因素

您认为，影响生猪(猪肉)质量的因素都有哪些？(多选)

A. 屠宰前检疫检验水平　　B. 屠宰操作规程　　C. 出厂检验水平
D. 卫生控制　　E. 设施和设备　　F. 运输条件
G. 屠宰方式　　H. 其他，请注明：________________

C 零售企业调研问卷

说明：请您在您选项下面打"√"。

一、被访者基本情况

1. 性别：A. 男　　B. 女

2. 年龄：A. 25岁及以下　　B. 26～35岁

C. 36～45岁　　D. 46岁及以上

3. 从事本行业年限：A. 1～4年　　B. 5～8年　　C. 9年及以上

4. 职位：A. 一般工人　　B. 管理人员

二、零售企业基本情况

1. 贵企业的销售渠道属于哪类？

A. 农贸市场　　B. 大型超市　　C. 猪肉专卖店

2. 如果用0代表水平特别低、1代表水平特别高，请分别给各指标打分。

指标	您认为的分值
入市检验水平	
质量追溯水平	
诚信水平	
销售环境	
与屠宰企业的合作程度	

三、影响猪肉质量的因素

您认为，影响猪肉质量的因素都有哪些？（多选）

A. 入市检验水平　　B. 质量追溯水平　　C. 诚信水平

D. 销售环境　　E. 与屠宰企业的合作程度

F. 其他，请注明：________________

D 消费者调研问卷

说明：请您在您选项下面打“√”。

一、消费者个体特征指标

1. 性别：A. 男　　B. 女

2. 年龄：A. 25 岁及以下　　B. 26～45 岁
　　C. 46～60 岁　　D. 61 岁及以上

3. 受教育程度：A. 小学及以下　　B. 初中　　C. 高中、中专或技校
　　D. 大学及以上

4. 月均收入：A. 2000 元以下(不含 2000 元)
　　B. 2000～4000 元(不含 4000 元)
　　C. 4000～6000 元(不含 6000 元)
　　D. 6000 元及以上

5. 居住地：A. 城镇　　B. 农村

二、消费者对猪肉质量特性的关注

1. 您一般购买下列哪种猪肉：(单选)

A. 普通猪肉　　B. 无公害猪肉　　C. 绿色猪肉　　D. 有机猪肉

2. 您购买猪肉时，最关注下列哪些方面？请您选出最重要的三项。

A. 大企业知名品牌　　B. 新鲜

C. 安全美味　　D. 地理标志认证

3. 您对普通猪肉价格的态度：

A. 非常便宜　　B. 比较便宜　　C. 一般

D. 比较贵　　E. 太贵

4. 您对无公害猪肉价格的态度：

A. 非常便宜　　B. 比较便宜　　C. 一般

D. 比较贵　　E. 太贵

5. 您对绿色猪肉价格的态度：

A. 非常便宜　　B. 比较便宜　　C. 一般

D. 比较贵　　E. 太贵

6. 您对有机猪肉价格的态度：

A. 非常便宜　　B. 比较便宜　　C. 一般

D. 比较贵　　E. 太贵

7. 您对质量认证信号(无公害猪肉、绿色猪肉、有机猪肉)的了解程度:

A. 非常不了解　　B. 不太了解　　C. 一般了解

D. 比较了解　　E. 非常了解

8. 您对猪肉厂家的信任程度:

A. 非常不信任　　B. 不太信任　　C. 一般信任

D. 比较信任　　E. 非常信任

9. 您对猪肉商家的信任程度:

A. 非常不信任　　B. 不太信任　　C. 一般信任

D. 比较信任　　E. 非常信任

10. 您对猪肉质量认证信号的信任程度:

A. 非常不信任　　B. 不太信任　　C. 一般信任

D. 比较信任　　E. 非常信任

11. 您在购买猪肉时，有没有购买到令自己失望的猪肉呢?

A. 总是遇到　　B. 经常遇到　　C. 一般

D. 偶尔遇到　　E. 总是遇不到

作者简介

刘万兆，辽宁科技大学工商管学院讲师，管理学博士。主要从事创业管理领域(创业教育、大学生创业、农民工创业)、食品安全领域(猪肉质量安全)的学术研究。近些年，参与教育部人文社科项目“基于‘科学商业’的我国战略性新兴产业创业激励研究”(13YJA630031)，主持辽宁省教育厅人文社科项目“基于创业学习视角的小微企业产品微创新动力机制研究”(W2013055)、辽宁省社会科学规划项目“辽宁中小微企业创业团队的创新机制研究”以及辽宁省社会科学界联合会项目“基于封闭供应链的绿色农产品流通模式及效率评价”(2011lslktglx－08)等各类课题 7 项；在《思想教育研究》《农业经济》等期刊发表论文 20 余篇；主编全国高校就业指导课程特色教材《大学生职业发展与就业指导》以及《市场营销》《创业管理》《消费者行为学》等教材。

王春平，沈阳农业大学经济管理学院教授，管理学博士。主要从事农业经济管理领域(农业经济理论与政策)的学术研究。在《农业经济问题》等期刊发表论文 30 余篇，著有《农村政策与法规》《经济法原理与农业法》等。